SCHREIBMASCHINEN KUNDE

ENTWICKLUNG, BAU UND PFLEGE DER SCHREIBMASCHINE

Von

HUGO NEUMAIER

Studienrat a. d. Städt. Kaufmannsschule
München

MIT 73 ABBILDUNGEN UND ZEICHNUNGEN

MÜNCHEN UND BERLIN 1926
DRUCK UND VERLAG VON R. OLDENBOURG

Einleitung.

Seit dem Kriege hat die Verwendung von Schreibmaschinen ganz bedeutend zugenommen. In vielen Bureaus wurde sie vorherrschend, und man kann sich die meisten Betriebe ohne sie gar nicht mehr denken; viele würden sogar ohne sie lahmgelegt; denn die immer mehr anwachsende Schreibarbeit wäre ohne dieses technische Hilfsmittel unmöglich zu bewältigen. In ähnlichem Maße steigerte sich die Leistungsfähigkeit der Maschinenschreiber nicht. Wie vor dem Kriege treffen wir auch jetzt eine Unzahl von Tippern, die wohl behende Arbeit vortäuschen, aber in Wirklichkeit weit hinter dem Erreichbaren zurückbleiben. Die Schuld daran trägt das System der Ausbildung. Hier geht die Umstellung äußerst langsam vor sich. Es wird besser, aber das Zögern und Zaudern dauert im Interesse der Stenotypisten und der Wirtschaft zu lange. Vor allem entwöhne man sich von dem Gedanken, in 20 bis 30 Stunden Maschinenschreiber ausbilden zu wollen. Man gewöhne sich daran, daß bei 100 Stunden die Ausbildung zum Geschäftsmaschinenschreiber noch dürftig bleibt; sie schafft immerhin die Grundlage, auf der durch willensstarke, zähe Weiterarbeit ein Fortschreiten auf dem angezeigten Wege möglich ist. Der Weg heißt Tastschreiben; gewiesen kann er nur in einem planmäßigen Unterricht werden. Selbstunterricht führt fast stets zur Stümperei oder mindestens zur Halbheit.

Zu einem planmäßigen Unterricht gehört auch die Einführung des Schülers in den Bau der Schreibmaschine und in die Arbeitsweise der einzelnen Teile. Maschinenkundliche Beobachtungen und Belehrungen geben die Möglichkeit zur sachgemäßen Behandlung der Maschine und zur vollen Aus-

nützung derselben. Es ist daher sehr zu begrüßen, daß Oberstadtschulrat B a i e r, München, im Hinblick auf die Bedeutung
dieses Unterrichtszweiges anordnete, es soll jeder Unterrichts-
einheit von 2 Stunden eine halbe Stunde für Maschinenkunde
angefügt werden. Möchte diese erfreuliche Erweiterung der
Ausbildungsmöglichkeit unserer Maschinenschreiber Anregung
geben, daß sie überall Beachtung und Nachahmung finde.

Mit diesem Buche will ich durch einen Überblick über die
Entwicklungsgeschichte der Schreibmaschine und durch die
anschauliche Behandlung des Stoffes der Maschinenkunde diesen
Bestrebungen dienen und Interessenten die Arbeit etwas erleichtern. Es entstand aus den Erfahrungen zweier Ausbil-
dungskurse für Lehrkräfte im Maschinenschreiben. Sollten sich
hier und da Mängel finden, wäre ich für Anregungen dankbar.

Ich glaube auch den Stenotypisten durch dasselbe ein Mittel
an die Hand zu geben, erworbenes Wissen festzuhalten und zu
vermehren, so daß ihnen die Maschine eine liebe Bekannte wird.

Zu dem geschichtlichen Teil überließ mir die Verlags-
buchhandlung Johannes M e y e r, Pappenheim, in anerkennenswerter Weise die Klischees zu den Abbildungen, wofür dieser
Firma auch hier bestens gedankt sei. Für den maschinen-
kundlichen Teil fand ich durch die entgegenkommenden Be-
mühungen der Firma J. W i n k e l h o f e r & Söhne, hier, weit-
gehende Unterstützung und Förderung bei den W a n d e r e r -
w e r k e n, Chemnitz, was besonders hervorzuheben ist.

M ü n c h e n, im Oktober 1925.

Der Verfasser.

Inhaltsverzeichnis.

VI   Inhaltsverzeichnis.

Seite

Zur Einführung.

Notwendigkeit der Maschinenkunde. Von jedem gewerblichen Lehrling verlangt man, daß er in Materialienkunde Bescheid weiß. Er muß die Beschaffenheit und Verwendungsmöglichkeit seines Rohstoffes kennen, sein Arbeitsgerät in Beziehung zu demselben bringen, wodurch eine verständige Arbeitsmethode und eine erfolgversprechende Tätigkeit gewährleistet wird. Wie ganz anders wird der Maschinenschreiber ausgebildet! Auf die Mängel im Unterricht für Maschinenschreiben habe ich bereits in der Einleitung hingewiesen; noch schlechter kommt die Maschinenkunde weg; für sie bleibt meist nichts übrig; und doch wäre diese für den Stenotypisten ebenso notwendig wie Materialienkunde für den erwähnten Lehrling. Die Maschine ist ein Kunstwerk der Technik, das wohl viel aushält, aber immerhin sachgemäße Behandlung mit langer Lebensdauer, unsinnige Bearbeitung dagegen durch vielfache Störungen und baldige Abnutzung quittiert. Durch die Maschinenkunde wird der Schüler in den Bau der Maschine und in die Zweckmäßigkeit ihrer Teile eingeführt; es wird ihm klar, wie die verschiedenen Teile ineinandergreifen, welche mehr genützt werden und daher besondere Beachtung verdienen, er wird erfahren, aus welchem Material verschiedene Teile gemacht sind und danach seine Betätigungen an der Maschine einrichten. Damit erreichen wir vor allem, daß der Schüler mit einem gewissen Verständnis die Maschine gebraucht und die verschiedenen Bestandteile richtig handhaben kann. Es wird der Unterricht im Maschinenschreiben ergänzt. Der Schüler erfährt dann auch, wie die Maschine zu pflegen ist, er wird sie rechtzeitig und ohne Schädigung reinigen lernen und sie später auch geeignet zu ölen wissen.

Wenn er einigermaßen anstellig ist, erhält er damit auch
die Grundlage, kleine Störungen selbst zu beseitigen
und so die Maschine stets arbeitsbereit zu erhalten. Wie oft
bedarf es bei Hemmnissen nur eines Handgriffes und alles ist
wieder in schönster Ordnung, während bei Unkenntnis die
Maschine oft tagelang auf den Mechaniker wartet und erst nach
erheblichen Ausgaben neuerdings in den Dienst gestellt werden
kann. Außerdem wird die Maschine durch diesen Unterrichts-
zweig aus einem Objekt der Neugierde zu einem Objekt des
Wissens, der Bewunderung und des Stolzes; der Schüler schätzt
sie als Kunstwerk und wird im Bewußtsein dessen an die
Benutzung derselben mit Sorgfalt und Achtung herangehen.
Durch die genaue Kenntnis der Grundprinzipien des Aufbaues
wird er, wenn er später an eine andere Maschine gesetzt wird,
aus dem Gemeinsamen sehr bald die Abweichungen finden und
dieselben ohne besondere Schwierigkeiten gebrauchen lernen.

Der Schüler bedürfte also der Einführung in den Bau
und in die Arbeitsweise der Schreibmaschine. Eine unbe-
dingte Notwendigkeit ist aber Maschinenkunde und Geschichte der Schreibmaschine für die Lehrerschaft. Sie muß
in jeder Weise über der Sache stehen; das verlangt der Unterricht, das gebieten die vielen und verschiedenartigen Systeme
und Modelle, worin sie sich ohne genaue Kenntnisse wenigstens
eines Fabrikates unmöglich zurechtfindet. Schon das erste
Unterrichtspensum „Gebrauch der Maschine und deren Teile"
setzt zur Vorweisung der verschiedenen Hebel und deren Wirkungsweise an den verschiedenen Systemen ein allseitiges
technisches Wissen voraus. Wie wird es erst dann, wenn an
einzelnen Maschinen Störungen auftreten? So muß der Lehrer
in gewissem Sinne Mechaniker sein. Nicht zu unterschätzen
ist, daß er auch über die genauen Bezeichnungen der verschiedenen Modelle und der einzelnen Teile Bescheid weiß. Er
wird oft in die Lage kommen, dem Mechaniker oder der Fabrik
Angaben über den Ort und die Art der Störungen machen zu
müssen; dabei ist nicht ausgeschlossen, daß er durch schrift-
liche Hinweise und Anleitung selbst den Fehler beheben kann.
Ein solches Wissen gibt ihm erst die nötige Ruhe und Sicher-

heit im Unterricht und gewährleistet ein lückenloses Fortschreiten.

Behandlung eines Systems. Als Leiter zweier Ausbildungs-
kurse für Lehrkräfte im Maschinenschreiben merkte ich, wie
schwer es einzelnen Teilnehmern fiel, sich in der vergleichen-
den Maschinenkunde ohne Vorkenntnisse zurechtzufinden.
Sie besaßen noch nicht den Ruhepunkt, von dem aus sie der
Erscheinungen Flucht einordnen konnten. Daher wird dieses
Büchlein hauptsächlich ein System gründlich vorführen und
nur auf wesentliche Unterschiede anderer Maschinen hinweisen.
Klare Zeichnungen in reicher Zahl sollen die einzelnen Teile in
ihrer charakteristischen Form herausstellen, ihre Unterbestand-
teile hervorheben und den Bewegungsvorgang festhalten. Ich
glaube damit auch Personen, die von Natur aus nicht sonder-
lich viel für Mechanik übrig haben, mit einem derartigen Rüst-
zeug zu versehen, daß von ihnen die peinliche Sorge der Un-
sicherheit genommen wird und sie an dem schönen Unterrichts-
zweig auch Freude erleben. Anderseits können diese Zeichnungen durch Vorzeigen oder Entwurf an der Tafel den Schü-
lern das Verständnis erleichtern und ihren Vorstellungen die
nötige Klarheit verschaffen. Auf dieser Grundlage wird es
nicht schwer sein, sich in anderen Systemen umzusehen und
einzuarbeiten.

Entwicklungsgeschichte der Schreibmaschine. Den tiefsten
Einblick in ein Ding, eine Erscheinung erhalten wir, wenn wir
das Werden verfolgen können. Damit ist die Entwicklungsgeschichte der Schreibmaschine als Einleitung und Vertiefung
zur Maschinenkunde unerläßlich für Schüler und erst
recht für Lehrer. Ersterer erhält damit Antwort auf die in
jedem Menschen steckende Frage: Woher? Wem verdanken
wir dieses Kunstwerk? Seinem geschichtlichen Interesse ge-
nügen wir dadurch und zeigen ihm zugleich, wie schwer und
dornenvoll der Weg von einer gefundenen Idee bis zur idealen
Verwirklichung ist. Der Unterricht in Maschinenkunde erhält
manchen Begriff, der ihm sehr gelegen sein wird zur Unterstützung und Vervollständigung; die Hauptbestandteile der
Schreibmaschine treten dem Schüler immer wieder eindrucks-

voll vor Augen, er sieht die gemeinsame Idee. Er erkennt mit
Stolz, welch führenden Einfluß gerade deutsche Männer, deutscher Geist auf die Verwirklichung derselben hatten. Selbstverständlich können wir ihm nur die Hauptlinie und diese sehr
gerade aufsteigend vorzeigen.

Für die Lehrkraft verlangt die unterrichtliche Notwendigkeit und das allgemeine Wissen ein möglichst tiefes
Eindringen in den Werdegang seines Unterrichtsobjekts. Er
findet damit die inneren Zusammenhänge vieler Erscheinungen,
und manches maschinenkundliche Pensum wird ihm dadurch
leichter; er kann aus dem Vollen schöpfen. Der Stoff ist ja
sehr reich (Ernst Martin, 2 Bände); aber er plagt uns nicht
mit Personal- und Familienbeschreibungen, sondern führt uns
durch die vielen, vielen Variationen, in denen derselbe Gedanke formgestaltend dem Menschen dienstbar gemacht wor-
den ist. Es ist eine Freude, zu sehen, wie der einfachste Ver-
such des einen bei einem anderen praktische Gestalt ange-
nommen hat und wie es ruckweise vorwärts ging; anderseits
aber merkt man, wie damals die Völker noch nebeneinander
arbeiteten und die Buchdruckerkunst bei weitem nicht diese
vermittelnde und verteilende Rolle spielte wie heutzutage.
Auch diesen Teil des Buches habe ich durch Bilder ergänzt,
nachdem so die Begriffsbildung wesentlich rascher vor sich
geht und weitläufige Erörterungen unterbleiben können. Damit ist angezeigt, daß hier nur die Hauptetappen der Entwicklung herangezogen wurden und das Buch nur Führer und
Anreger sein soll. Eine umfassende Darstellung aller Maschinensysteme gibt das bereits erwähnte Werk von Ernst Martin,
das im Verlag von J. Meyer, Pappenheim, erschienen ist.

Zum Schlusse folgt noch eine Zusammenstellung
schematischer Zeichnungen. Mit denselben soll das Cha-
rakteristische einzelner Teile und verschiedener Bewegungs-
vorgänge besonders herausgestellt und damit das erworbene
Wissen weiter geklärt und gefestigt werden.

Entwicklungsgeschichte der Schreibmaschine.

I. Zeit der Vorversuche 1714—1867.

a) Maschine für Blinde.

Den Anstoß zur Erfindung der Schreibmaschine gab allem Anscheine nach Menschenliebe; das Mitgefühl wollte auch Blinden die Möglichkeit bieten, durch ein mechanisches Hilfsmittel die Gedanken schriftlich niederzulegen und diese Schrift lesen zu können. Die ersten Maschinen erzeugten in dem Papier tiefe Eindrücke der Typen, die Buchstaben waren in die Tasten eingraviert oder traten erhaben hervor.

Die Erfindung der Schreibmaschine nehmen die Engländer für sich in Anspruch. Henry Mill ließ sich 1714 „eine Maschine oder künstliche Methode einzelne Buchstaben nacheinander auf Papier zu schreiben" patentieren. Es wurde uns weder eine Zeichnung noch ein Modell überliefert.

1775 baute der Mechaniker Wolfgang v. Kempelen für eine blinde Enkelin der Kaiserin Maria Theresia eine Schreibmaschine. Auch Pellegrino Turri stellte seine Erfindung (1808) in den Dienst einer Blinden, der Gräfin Fantoni. In dem Staatsarchiv zu Reggio wird noch ein Brief der Besitzerin dieser Maschine aufbewahrt. Turri beginnt bereits mittels Pauspapier Abdrücke der Typen hervorzubringen und wurde so der Erfinder des Kohlepapiers. Als Erfinder aus dieser Zeit wären noch zu nennen: der Gründer des Breslauer Blindeninstituts Knie, Pietro Conti (1823), dessen Maschine von der Académie française um 600 Frs. erworben wurde, und Austin Bruth aus Macon (1829).

b) Maschinen für allgemeinen Gebrauch.

Der badische Forstmeister v. Drais, bekannt als Erfinder der Draisine, trat 1820 mit einer Maschine an die Öffentlich-

keit, die vielfach wegen ihrer sinnreichen, einfachen und dauer-
haften Konstruktion gelobt wurde. Von seiten des badischen
Ministeriums fand er jedoch keine Unterstützung in seinen
Bestrebungen; dasselbe nannte seine Maschine „eine mechanische Narrheit und alberne Erfindung". Sie bestand aus
einem Holzkasten von einem Kubikfuß, in einer quadratischen
Vertiefung des Deckels befanden sich 16 Tasten, welche den
Mechanismus im Innern in Bewegung setzten. Ein Papier-
streifen wurde durch ein Uhrwerk über Walzen an den Tasten
vorbeigeführt. Drais hatte das Alphabet auf 16 Buchstaben
reduziert, um schneller schreiben zu können, wodurch er als
Schrittmacher für die Stenographiermaschinen angesehen wird.

Leider ist sein Modell um 1900 bei einem Umzug verloren ge-
gangen.

1833 erschien Xavier Pro-
gin, Marseille, mit seiner
„plume typographique". Sie
darf als erste Maschine gelten,
die verschiedentlich verwendet
wurde. Durch die korbförmige
Anordnung der Hebelstangen
erinnert sie an die Remington.

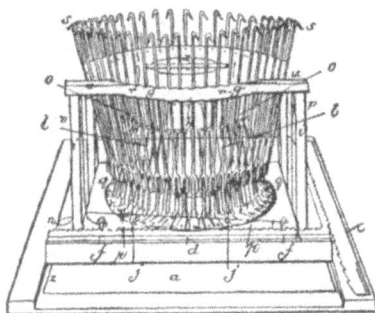

Abb. 1. Progin.

Die Tastenhebel waren an ihrem oberen Ende zu Haken um-
gebogen; zog man daran, so schlugen die Typenhebel nach
unten auf ein flach liegendes Papier. Über dieses konnte mittels
Zahnleisten der Druckapparat sowohl seitlich, als auch in die
Tiefe zur Einstellung einer neuen Zeile verschoben werden. Das
Weiterrücken mußte die Hand besorgen. Ein Kohlepapier erzeugte
die Abdrücke. Die Maschine war auch zum Notenschreiben und
zum Anfertigen von Stereotypplatten zu verwenden.

1837 begann Giuseppe Ravizza aus Novara (geb. 19. März
1814, gest. 1885) die Herstellung seines Schreibklaviers
(cembalo-scrivano). Er brachte es allmählich auf 17 Modelle
und erreichte zum Schlusse eine derartige Vollkommenheit, daß
seine Maschine an Güte der Remington gleichkam. Die Typenhebel waren kreisförmig angeordnet, der Anschlag erfolgte von

unten gegen das darüber in einem Rahmen liegende Papier, eine Art Typenführung sorgte für stets gleichmäßige Schrift. Eine Umschaltung ermöglichte das Schreiben von Groß- und

Abb. 2. Ravizza, älteres Modell.

Kleinbuchstaben. Das Papier wurde beim Zurückkehren der Type gleichzeitig um Buchstabenbreite verschoben. Nach Ausspruch des Erfinders konnte man mit seiner Maschine dreimal so schnell schreiben als wie mit der Hand. Die Einfärbung ge-

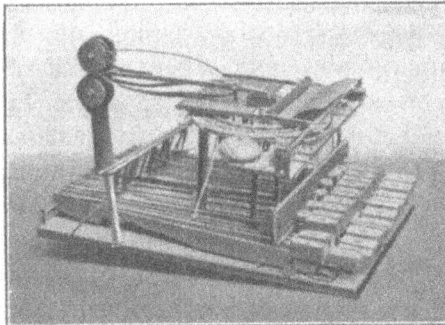

Abb. 3. Ravizza, späteres Modell.

schah durch Kohlepapier, später durch einen eingefärbten „Riemen". Ravizza wurde der Erfinder des Farbbandes. Mit Hilfe eines Papierzylinders, um welchen das Papier gelegt wurde, versuchte er das Geschriebene sichtbar zu machen. Für die Maschine wird ein Preis von 400 Lire genannt.

1843 ließ sich Charles Thurber aus Worcester seinen „Chirographer" (Handschreiber) patentieren. An einem wagrecht drehbaren Rad, an dessen Rande hoch hervorstehend Tasten angebracht waren, befanden sich an der Außenseite die Typen. Beim Schreiben drehte man mit der Spindel das Rad,

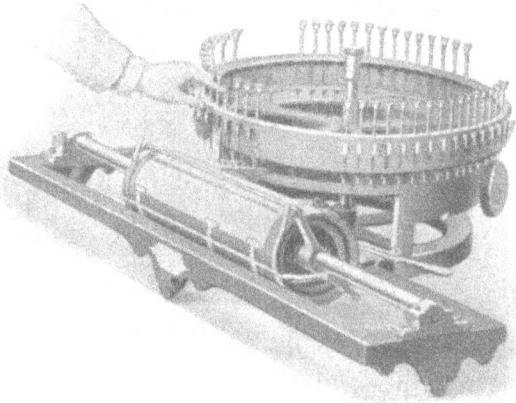

Abb. 4. Chirographer.

bis das gewünschte Zeichen über dem Druckpunkte stand und drückte dann die Taste nieder, wodurch die Type in einem Schlitz (Typenführung) nach unten glitt. Diese Erfindung sehen wir später im Prinzip bei der Hammond und anderen Typenradmaschinen wieder verwertet.

Abb. 5. Raphiograph.

Von Bedeutung wurde der Raphiograph des blinden Franzosen Pierre Foucauld aus Corbeil (1853), so genannt nach der fächerförmigen Anordnung der Tasthebel. Die Typen saßen am Ende derselben; sie gaben nicht vollständige Buchstaben, sondern nur Senkrechte, Wagerechte in verschiedener Höhe und mehrere Bogen, aus denen die Schriftzeichen durch wiederholten Anschlag zusammengesetzt wurden. Diese Typenstabmaschine ist die Vorläuferin der Schreibkugel, von der wir später hören. Der Erfinder erhielt für seine Maschine mehrere Auszeichnungen und für das neue Modell „clavier imprimeur" in London die goldene Medaille. Er verwendete bereits eine Zwischenraumtaste.

Während William Hughes (1851) die Typen an der Unterseite einer flach liegenden, runden Scheibe anbrachte, finden wir sie bei John Jones, Clyde, an der Außenseite eines wagerechten Rades.

Die Erfindung des Dr. Sam. Francis, New York (1857), hatte 36 Tasten mit Umschalttaste, Zwischenraumtaste und als Neuheit einen Papierwagen, der durch eine gespannte Feder nach links gezogen wurde und bei jedem Anschlage um Buchstabenbreite weiterrückte; wie bei modernen Maschinen wurde die Wagenzugfeder durch das Zurückschieben des Wagens neu aufgezogen. Der Apparat war unförmig und glich einem tragbaren Harmonium. Preis 100 Dollar.

Mehr Unterstützung als Drais fand der Tiroler Peter Mitterhofer (1864) bei seinen Bestrebungen, eine Schreibmaschine zu konstruieren, indem er eine öffentliche Subvention von 200 Gulden erhielt. Die Schriftzeichen waren aus abgebrochenen Nadelspitzen zusammengesetzt, so daß das Papier durchlöchert wurde. Ein hölzerner Zylinder, der mit grober Leinwand umwickelt war, gab für den Typenanschlag die geeignete Unterlage. Das 3. Modell kaufte das Polytechnikum zu Wien um 60 K. Sein Erstlingswerk befindet sich im Museum zu Innsbruck.

Eine Verbesserung der Foucauldschen Idee dürfte die 1865 vom Direktor der Taubstummenanstalt in Kopenhagen, Malling-Hansen, auf den Markt gebrachte Schreibkugel darstellen. Sie war die erste Maschine, welche fabrikmäßig hergestellt wurde, so daß sie bereits dem nächsten Abschnitt zuzuzählen ist.

Durch seine Pterotype (pteron = Schlag, Flügel) gab 1866 der Amerikaner John Pratt den Anstoß zur Erfindung der „Milwaukee", der späteren Remington. Er verwendete an Stelle der Typenstangen den schwingenden Hebel, den wir

bereits bei Progin kennen lernten. Pratt baute auch Typenradmaschinen.

Wir könnten auch noch die ersten Versuche zur Herstellung der Remington hier anführen und damit die Zeit der Vor-
versuche abschließen. Eine große Anzahl von Männern aller
Nationen arbeitete ein Jahrhundert lang an der Idee, ein
mechanisches Hilfsmittel zum Schnellschreiben zu
erfinden. Es fehlte aber die gegenseitige Fühlungnahme, wodurch die Arbeit des einen dem andern nicht zugute kam.
Die bewegliche Type (Gutenberg) war bei allen Modellen **der
Grundgedanke.** Außerdem treten uns die Grundelemente, die
zu einer richtigen Bureauschreibmaschine gehören, bereits da
und dort entgegen.

Progin verwendete den Schlaghebel und ordnete das
Hebelwerk zu einem Korbe.

Ravizza brachte den Anschlag von unten nach oben, das
Buchstabenschaltwerk, die Typenführung, die Umschaltung und gilt als Erfinder des Farbbandes.

Bei Turber begegnen wir dem Typenrad,

bei Foucauld der Typenstabmaschine und der Zwischenraumtaste.

Francis erfand den Papierwagen mit Schlittenzugwerk,
während

Malling-Hansen seine Maschine mit elektrischem Antrieb, einer Vorrichtung zur Zeilenerneuerung und
einer Glocke versah.

II. Zeit der brauchbaren Bureaumaschinen, ab 1867.

Die Schreibkugel.

Wie bereits erwähnt, erreichte die Erfindung von Malling-
Hansen in Dänemark, Deutschland, Österreich und Frank-
reich eine solche Verbreitung, daß sie schon fabrikmäßig
hergestellt werden konnte. Sie war eine Typenstabmaschine und glich hierin dem Raphiograph. Die Stäbe
steckten radial in einer Halbkugel; sie trugen an ihrem unteren

Ende die Type, am oberen waren in den Tastenköpfen die Buchstaben eingraviert. Das Papier lag um ein halbkreisförmiges Zylindersegment, ein Amboß gab für den Tastenanschlag den nötigen Widerstand. Die Abfärbung erfolgte durch ein Farbband, das von einer Rolle auf die andere lief; durch abwechselndes Festschrauben derselben kam die Umschaltung zustande. Das Geschriebene war halbwegs sichtbar. Ferner besaß die Maschine einen selbsttätigen Papiertransport, eine Zeilenerneuerungsvorrichtung durch Druck auf eine Taste,

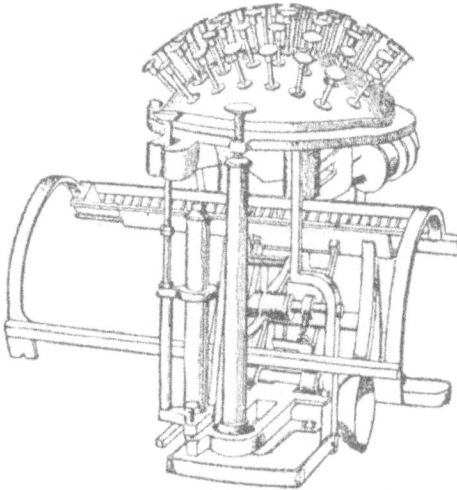

Abb. 6. Schreibkugel.

ein Glockensignal und eine Zwischenraumtaste, weist also bereits viel Einrichtungen auf, die wir an modernen Fabrikaten finden. Ab 1880 konnte man auf ihr sogar drei Buchstaben auf einmal schreiben, so daß sie die erste Silbenschreibmaschine darstellt. Preis 400 Kr.

a) Typenhebelmaschinen mit unsichtbarer Schrift.

Die Remington. Allen Maschinen hafteten bisher so viel Mängel an, daß keine eine nachhaltige Bedeutung erreichte. Erst der Remington war es beschieden, den Bann zu brechen, den Unvollkommenheit und Vorurteil dem siegreichen Vor-

dringen der Schreibmaschine entgegenstellten. Sie verdankt
diese Auswirkung der jahrelangen Zusammenarbeit vieler
Männer.

Als erster tritt ein Deutscher namens Mathias Schwalbach auf den Plan. Er stammte aus Marlberg im Rheinland
und war nach Amerika ausgewandert. Seine Maschine, bei der
die Typen an Flughebeln im Kreise angeordnet waren, erhielt
bei einer Ausstellung in New York den 1. Preis. Für die Herstellung derselben bildete sich eine Gesellschaft, in welcher der
Patentanwalt James Densmore, die Führung an sich riß.
Allmählich brachte dieser alle Gesellschaftsanteile in seine
Hand, das Patent kam in seinen Besitz, und der Erfinder
ward mit 350 Dollar abgefunden.

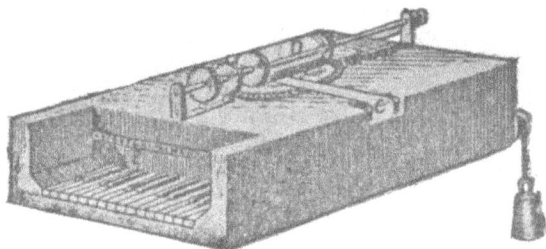

Abb. 7. Modell Sholes.

In demselben Jahre begannen drei Männer an einer Erfindung zu arbeiten, die den Ausgang zum Bau der Remington
geben sollte. Der berufsmäßige Erfinder Charles Glidden in
Milwaukee erhielt durch die Zeitschrift Scientific american
Kenntnis von der Erfindung des Pterotyp. Er trat mit den

Abb. 8. Modell nach Schwalbachs
Mitarbeit.

Buchdruckern C. L. Sholes (geb.
14. Febr. 1820) und S. W. Soulé,
die eben an einem Apparat zur Nu-
merierung von Buchseiten arbeiteten,
in Verbindung, veranlaßte sie, sich
der Herstellung einer Schreibmaschine
zu widmen und unterstützte sie mit
Geld. Nach dem Patent Nr. 2 von
1868 besaß die Maschine noch das

Griffbrett eines Pianos. Die meisten Modelle wurden nun in der Werkstätte des M. Schwalbach gemacht. Dieser nahm auch die Veränderung der Tastenverteilung vor; er ordnete sie in vier Reihen an, wodurch die Maschine kleinere Ausmaße erhielt. Die Wagenschaltung übernahm er von der Uhrmacherei; wir sehen daher ein Gewicht an dem Modell. Den Ausbau des Typenkorbes scheint Sholes bearbeitet zu haben.

Die Bestrebungen fanden aber nicht die erhoffte Aufnahme und Unterstützung, woraüf sich Soulè und Glidden enttäuscht von dem Unternehmen zurückzogen. Sholes wurde Alleinbesitzer des Modells. Nun interessierte sich James Densmore um die Sache, der nicht nur über Geldmittel verfügte, sondern auch die Patente Schwalbachs und als weiteren Mitarbeiter G. W. N. Jost mitbrachte. Letzterer wird von einzelnen Autoren als Mechaniker, von anderen, besonders von Ernst Martin, als Kaufmann bezeichnet. Aber zur Fabrikation im großen fehlten auch diesen drei Gesellschaftern die Einrichtungen und die Geldmittel, weshalb sie mit der weltbekannten Gewehrfabrik von **E. Remington and Sons** in Ilion in Verbindung traten. Nun erhielt die Maschine den Namen „**Remington**". Noch drei Jahre arbeitete ein Stab von gewandten Fachleuten an der Verbesserung derselben, und erst 1876 kam sie auf den Markt. Aber auch jetzt war die Arbeitsweise der Maschine noch unzuverlässig, forderte viele Reparaturen, so daß der Absatz sehr zu wünschen übrig ließ. Die Maschine schrieb nur große Buchstaben; das zweite Modell erhielt eine Umschaltung, die von Crandall bzw. Jost stammen soll. Nach verschiedenen weiteren Verbesserungen fand die Remington allmählich Eingang in die Bureaus und dann weiteste Verbreitung.

Wie aus nachstehender Abbildung ersichtlich, hängt in einem offenen Rahmenbau der Typenhebelkorb; die Typen schlagen von unten gegen das Papier, dem eine Gummiwalze als Unterlage dient. Das Geschriebene ist erst sichtbar, wenn der Wagen aufgeklappt wird; man bezeichnet daher diese Remington und ähnliche Maschinen als Schreibmaschinen mit unsichtbarer Schrift. Das 35 mm breite Farbband läuft von einer Spule rechts über den Druckpunkt zur linken

Spule; die Umschaltung erfolgt später automatisch. Der Wagen zeigt schon alle Einrichtungen, die wir an den modernen Maschinen finden, wie Schlittenzugwerk, Buchstabenschaltwerk, Zeilenschaltung, Randstellung usw. Die Tastatur ist im unteren

Abb. 9. Remington 2.

Rahmenteil eingebaut; auf drei Reihen sind die Buchstaben nicht nach dem Alphabet, sondern nach dem Grundsatze der Häufigkeit verteilt, wobei der englische Setzkasten als Vorbild diente. Die oberste Reihe zeigt die Ziffern und Zeichen.

So bildete bereits Modell 2 für die damalige Zeit eine hochwertige Maschine, die durch einzelne Änderungen noch leistungsfähiger wurde. Aber die Verbreitung steigerte sich nur langsam. Die Kaufmannschaft glaubte, daß es nicht angängig sei, die Korrespondenz mit der Schreibmaschine zu erledigen; die Angestellten empfingen dieses mechanische Schreibmittel mit Argwohn; sie meinten, durch dasselbe brotlos zu werden. Der hohe Preis machte die Anschaffung zu einem Luxus, besonders nachdem auch mangels tüchtiger Maschinenschreiber man sich noch nicht von der tatsächlichen Mehrleistung der Maschine überzeugen konnte. 1880 waren erst 1000 Maschinen im Gebrauch, 1882 2300 und 1885 erst 5000. Dann vollzog sich ein rascher Aufschwung; 1892 wußte die Fabrik trotz einer Tagesproduktion von 100 Stück die Nachfrage nicht mehr zu decken. 1905 war die Erzeugung bereits so gesteigert, daß auf eine Minute 1 Maschine traf. (Nach Dorsch und Wieser.)

Caligraph. Jost hatte an den Verbesserungen der Remington tätigen Anteil gehabt und war zu einer leitenden Stel-

lung in der Fabrik aufgerückt. Er glaubte, die Umschaltung
besser durch eine Volltastatur zu ersetzen und unterbreitete
der Fabrik seine Vorschläge. Diese ging nicht darauf ein, wes-
wegen er von der Gesellschaft ausschied und mit Xaver Wagner
die Caligraph (1880) baute.

Damit begegnen wir wieder einem Deutschen und dazu
dem erfolgreichsten Erfinder auf dem Gebiete der Schreibmaschine, der auch schon an der Remington mitgearbeitet

Abb. 10. Caligraph.

hatte. **Xaver Wagner** war ebenfalls ein Rheinländer, geb. am
20. Mai 1837 zu Heimbach am Rhein, gest. am 8. März 1907.

In die 1880 gegründete Caligraph Patent Co. traten auch
L. Sholes und J. Densmore ein. Die Maschine gleicht in den
Hauptbestandteilen vollständig der Remington, nur erscheint sie
größer, nachdem für jedes Schriftzeichen ein eigener Hebel und
eine besondere Taste vorhanden ist. Man erachtete damals die
Volltastatur für die deutsche Sprache mit den vielen Groß-
schreibungen als besonders günstig. Die Zwischenraumtaste be-
diente rechts und links des Griffbrettes der kleine Finger. In
Deutschland kostete diese Maschine 450 M. Nach Ablauf der
hauptsächlichsten Patente wurde sie von **Frister und Roß-**

mann, Berlin, als erste Typenhebelmaschine in Deutschland hergestellt.

In der Zeit etwas vorauseilend, seien hier noch zwei Maschinen erwähnt. die uns wegen ihrer Eigenart, besonders aber wegen des eigentlichen Erfinders und Konstrukteurs interessieren. Jost hatte auch die Caligraph-Gesellschaft verlassen und versuchte im Verein mit Wagner den neueren Forderungen, die an eine richtige Maschine gestellt wurden, wie

Abb. 11. Jost.

Zeilengeradheit, Wegfall des Farbbandes und der Umschaltung usw., gerecht zu werden. In Wirklichkeit baute Wagner diese neue Maschine allein im Auftrag Josts, der ja Kaufmann, aber kein Mechaniker war; nichtsdestoweniger heißt sie „Yost“. Sie erschien 1889 im Handel und erreichte in Amerika und Europa eine ungeahnte Verkaufsziffer. Die Typen ruhen auf einem Farbkissen; beim Anschlag, der mittels eines Umkehrgelenkhebels von unten erfolgt, werden sie von einem viereckigen Rahmen, der Typenführung, fest umspannt, wodurch die dauernde Zeilengeradheit erreicht wird. Durch den Wegfall des Farbbandwerkes und durch die neuartige Konstruktion macht die Maschine infolge ihrer Einfachheit und Stabilität einen äußerst günstigen Eindruck.

Auch **Densmore** ging seine eigenen Wege, wohl stark ge-
stützt durch Wagner, und brachte unter seinem Namen eine
Maschine heraus, die aber der Remington
ziemlich ähnlich sieht. Eine größere Abweichung zeigt nur der Hebelmechanis-
mus, indem die Zugstange nicht unmittelbar am Typenhebel befestigt ist, sondern
an einem Hilfshebel, der seinerseits an seinem Ende den Typenhebel lose umspannt,
wodurch ein leichter Anschlag erzielt wird.
Außerdem bewegt sich die Typenhebel-
achse auf Kugeln; die Walze
ist leicht auswechselbar und der
Wagen abnehmbar.

Eine weite Verbreitung fand in
Deutschland durch ihre hervorragen-
den Eigenschaften und besonders
durch die eifrige Werbearbeit des
Generaldirektors Siering die **Smith**
Premier, eine Volltastaturmaschine.

Abb. 12.
Densmorehebel

b) Typenradmaschinen, sichtbare Schrift.

Crandall. Lucien Stephan Crandall aus
New York, der bei Remington beschäftigt war,
konstruierte 1879 eine ganz neuartige Maschine.
Als Typenträ-
ger benutzte
er eine 6 cm
hohe Walze aus
Hartgummi
— Typenzy-
linder ge-
nannt —, auf
welchem sich
in 6 Reihen

Abb. 14. Crandall.

Abb. 13. Crandall,
Typenzylinder.

84 Zeichen befinden. Durch den Druck auf eine Taste dreht
der Zylinder das verlangte Zeichen dem Druckpunkt zu und

schlägt auf das Papier. Mittels zweier Umschalttasten kann er
mehr oder weniger gesenkt werden, so daß man Großbuchstaben
oder Zeichen schreiben kann. Das Geschriebene ist sichtbar.
Crandall führte als erster die doppelte Umschaltung ein.

Neuartig ist auch sein Griffbrett: zweireihig im Bogen, mit viereckigen Tasten,
die Zwischenraumtaste in der Mitte der
unteren Tastenreihe, die zwei Umschalttasten zentral innerhalb der Tastenbögen.

Die Maschine wiegt nur 8 kg und
kann als erste Reisemaschine gelten.

Hammond (1884). Auf ähnlichem
Prinzip beruht die Erfindung des Kriegs-
berichterstatters James Bartlett Ham-

Abb. 15. Typenschiffchen.

mond. Sie fußt auf dem Turberschen Typenrad, trägt aber die
Typen auf einem halbierten Rad, dem sog. Typenschiffchen,
das leicht herausgenommen und ausgewechselt werden kann.

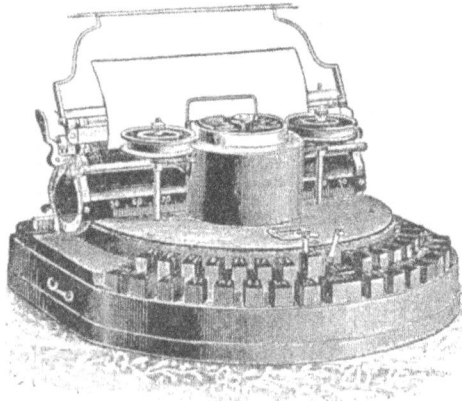

Abb. 16. Hammond.

Durch einen Druck auf die Taste dreht sich dasselbe von links
nach rechts oder umgekehrt; das gewählte Zeichen kommt vor
den Druckpunkt, gleichzeitig schlägt ein Hammer gegen ein
Gummiband, welches das Papier gegen das Farbband und
das Typenschiffchen drückt. Bei der Umschaltung hebt oder

senkt sich dieses. Das Geschriebene liegt frei vor den Augen. Das Papier wird von einem Drahtkorb aufgenommen. In der Farbbandumschaltung lehnt sich Hammond an die Schreibkugel an. Die rechteckigen Tasten sind wie bei Crandall zweireihig im Bogen angeordnet, die Zwischenraumtaste liegt in der Mitte der unteren Reihe, die Umschalttasten darüber; die gebräuchlichsten Zeichen sind der gewandteren rechten Hand zugeteilt. Diese Abweichung von dem Griffbrett der Remington wird als Idealtastatur bezeichnet.

Die Typenradmaschinen haben mancherlei Vorteile:
1. Der Bau ist einfacher.
2. Durch die Vereinigung aller Typen auf einem Typenträger wird die Schrift gleichmäßiger, wozu auch noch das Material (Gummi) beiträgt.
3. Der Abdruck erfolgt durch Federkraft, erfordert also nicht so viel Kraft.
4. Ein Verklemmen der Hebel kommt nicht vor.
5. Der Schriftsatz kann jederzeit ausgewechselt werden. So sind bei Hammond 300 verschiedene Schiffchen (russisch, serbisch, griechisch, gotisch, türkisch usw.) vorrätig.
6. Die Reinigung der Typen bereitet keine Schwierigkeit.

Nichtsdestoweniger werden Typenhebelmaschinen allgemein bevorzugt.

Der Turbersche Gedanke wurde noch in vielerlei Gestalt variiert; so sind zu nennen: Blickensderfer, Edelmann, Weltblick, Keystone, Munson, Kosmopolit, Mignon u. a. m. Die beiden letzteren sind deutsche Fabrikate. Sie gehören zur Gruppe der sog. Zeigermaschinen, die auf eine Erfindung des Amerikaners Th. Hall (1880) zurückführen; sie haben an Stelle des Griffbrettes ein Zeichenfeld, statt der vielen Tasten nur eine oder einen Druckknopf. Infolge der leichten Handhabung und des verhältnismäßig niederen Preises fanden diese Maschinen viele Liebhaber; in der Leistungsfähigkeit stehen sie natürlich hinter den modernen Typenhebelmaschinen weit zurück.

Die kleine Mignon ist ein Fabrikat der A. E. G., Berlin. Die Typen trägt ein metallener Zylinder von 19 g Gewicht. Beim Schreiben stellt man zuerst den Führungsstift auf den entsprechenden Buchstaben des Zeichenfeldes ein; dabei dreht der Typenzylinder das Zeichen zum Druckpunkt und schlägt

beim Stoß auf die Taste gegen das Papier. Zeichenfeld und
Typenträger können leicht ausgewechselt werden. Die Maschine
hat in sämtlichen europäischen Ländern mit Ausnahme Eng-

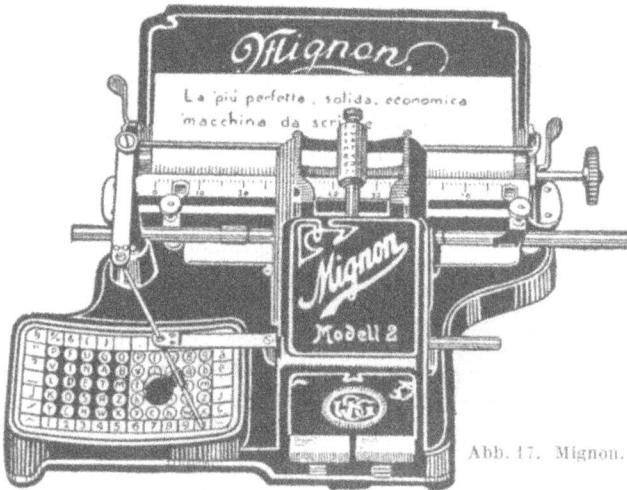

Abb. 17. Mignon.

lands eine gute Verbreitung gefunden. Sie wiegt 3 kg und
kostete 100 M.

Die **Kosmopolit** wurde von G u h l und H a r b e c k in Ham-
burg hergestellt. Die Zeichen stehen auf dem mit Einkerbungen

Abb. 18. Kosmopolit.

versehenen Leistenbogen. Ein Abdruck erfolgt durch den
Druckhebel, der durch die Schlitze die nötige Führung erhält.
Die Maschine wiegt 7 kg und kostete 150 M.

c) Typenhebelmaschinen mit sichtbarer Schrift.

Mit den Typenzylindermaschinen trat die Sichtbarkeit der Schrift als neue Idee und Forderung an den Konstrukteur von Schreibmaschinen. Einzelne Fabriken, besonders Remington, sträubten sich hartnäckig und lange, hier Konzessionen zu machen, während andere diesen Gedanken mit Eifer aufnahmen. Auf alle mögliche Weise wurde die Lösung versucht. Viele gaben den Typenhebeln, die bis jetzt nach unten hingen, eine

Abb. 19. Bar-Lock.

andere Anordnung; sie brachten dieselben aufrechtstehend entweder hinter oder vor der Walze, auch zu beiden Seiten derselben an, so daß sie von oben auf dieselbe schlugen. Als erste Maschine dieser Gruppe erschien 1885 die Horton, bei der die Typenhebel hinter der Walze sich etwas gegen das Griffbrett neigten. Ihr folgten Fitch, Brooks, Williams, Barlock u. a. Zur Veranschaulichung diene die Abbildung der Barlock, die ihren Namen von dem Hebelschloß erhielt, womit neben einer breiten Lagerung der Typenhebel die Zeilengeradheit erreicht werden sollte.

Mit einer vollkommen neuen Typenhebelkonstruktion gab die **Rapid** (1890) das Muster für ein System von Maschinen, das heute noch in der Adler weiterlebt.

Die Typenhebel liegen strahlenförmig hinter dem Griffbrett und werden wagerecht gegen die Walze gestoßen. Unter
dem Namen **Empire** wurde diese Schreibmaschinenart in
Deutschland bekannt, deren Fabrikationsrecht 1898 die A d l e r -
F a h r r a d w e r k e, vorm. Heinr. Kleyer, Frankfurt, erwarben.

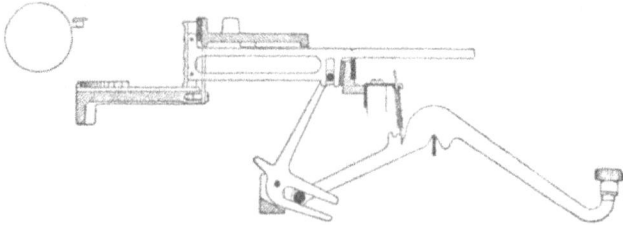

Abb. 20. Adlerhebel.

James Denny **Daugherty** lagert die Walze vollständig frei,
so daß das Geschriebene vom ersten bis zum letzten Buchstaben sichtbar ist. Die Typenhebel ruhen flach und vertieft
vor dem Wagen; sie sind mit dem Tastenhebel unmittelbar
verbunden, der am hinteren Ende gegabelt ist; die Gabel
greift in das untere Ende des Typenhebels ein und schleudert
ihn gegen die Walze.

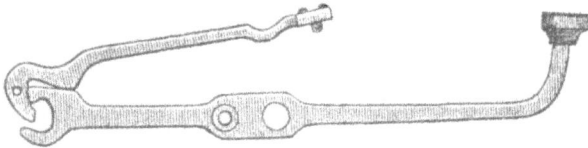

Abb. 21. Daugherty-Hebel.

Vorbildlich löste aber nur **Wagner** die Frage der Sichtbarkeit der Schrift. Seine Erfindung wurde von den allermeisten
Konstrukteuren nachgeahmt und zwang sogar die Remington-
Gesellschaft zu Änderungen. Es gab vor Wagner auch schon
Maschinen mit Vorderanschlag; von diesen unterscheidet sich
sein Werk durch die Aufhängung der Typenhebel in einer
halbkreisförmigen Platte (Segment) und durch die Verbindung
von Tasten- und Typenhebel mittels eines Zwischenhebels, der
den reibungslosen Schwung des letzteren sicherte. Diesen Verbindungshebel verdanken wir wohl nicht Wagner, sondern

seinem Sohne Hermann. Die Maschine ward bereits 1890
patentiert, wurde aber erst 8 Jahre später auf den Markt gebracht, da der Hersteller
nach echt deutscher Gründ-
lichkeit nur mit einer voll-
endeten Arbeit vor der
Öffentlichkeit erscheinen
wollte. Die Fabrikation
übernahm später der Farb-
bandfabrikant **Underwood,**
und so erschien dieses herr-
liche Kunstwerk deutschen
Geistes, deutscher Gründ-
lichkeit und Ausdauer als
„Underwood" auf dem

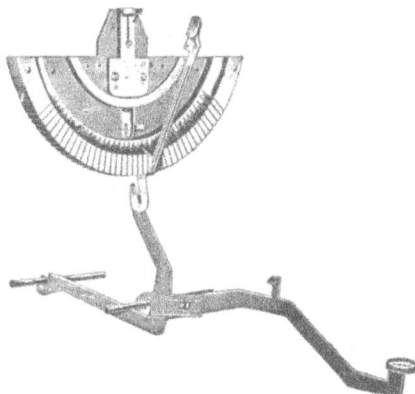

Abb. 22. Wagnerhebel.

Abb. 23. Elliott-Fisher.

Weltmarkt und wird als beste „amerikanische" Maschine ge-
priesen. Wagner arbeitete bis zu seinem Tode an der Verbesserung derselben. „Einen nennenswerten klingenden Vorteil
hat der geistvolle und doch bescheidene Erfinder nicht gehabt."

Mit der Underwood erreichte die Erfindertätigkeit auf dem Gebiete
der Schreibmaschine einen gewissen Abschluß. Es kamen wohl manche
äußere Neuerungen, wie Stechwalze, Tabulator, Billinghebel hinzu, aber
in der technischen Durchbildung derselben wurde nichts Wesentliches
geändert.

Wegen ihrer Besonderheiten bedarf noch die **Elliott-Fisher**
(siehe S. 23!) einer Erwähnung. Sie ist eine Weiterbildung der
Proginschen Idee. Die Hebel stehen aufrecht in einem Halbkreis
und schlagen nach unten, wo das Papier ausgebreitet liegt;
über dieses bewegt sich die Maschine hinweg. So ist es möglich, in gebundene Bücher zu schreiben, während wir bei allen
anderen Maschinen nur lose Blätter benutzen können. Auch
zum Durchschreibeverfahren eignet sie sich besonders gut, da
die einzelnen Blätter flach aufeinanderliegen und ein Verschieben
derselben nicht möglich ist. Es können in einem Arbeitsgange
die verschiedensten Formulare ausgefüllt werden. Die Maschine
gehört zu den amerikanischen Standardmaschinen, kommt aber
verhältnismäßig teuer, was ihrer Verbreitung hinderlich ist.

Die Schreibmaschine in Deutschland.

Von allen europäischen Ländern hat Deutschland vor allem
mit Erfolg den Bau von Schreibmaschinen aufgenommen und
konnte mit Amerika auf dem Weltmarkte in Wettbewerb treten,
was für die hervorragende Güte unseres Fabrikates spricht.
Das ist um so anerkennenswerter, wenn man bedenkt, daß
Amerika das Geburtsland der richtigen Bureaumaschine ist, alle
Patente besaß und innerhalb 20 Jahren einen bedeutenden
Vorsprung erringen konnte. Doch deckte Deutschland in den
Vorkriegsjahren nicht nur fast vollständig den bedeutenden
Inlandsbedarf, sondern konnte noch dazu einen großen Teil
seiner Produktion dem Auslande zum Kaufe anbieten, das
allem Anscheine nach denselben gerne aufnahm. Auch nach

dem Kriege hat sich die Ausfuhr von Schreibmaschinen wieder
gut entwickelt. Im Januar 1924 gingen aus 4416 dz im Werte
von 5319000 M., eingeführt wurden 692 dz im Werte von
1838000 M.

Die Zahl der deutschen Systeme ist fortwährend gestiegen
und hat besonders nach dem Kriege infolge der Umstellung
vieler Betriebe einen Stand erreicht, der bei den heutigen wirt-
schaftlichen Verhältnissen nicht mehr normal genannt werden
kann. Darunter finden wir natürlich Gutes und weniger Be-
währtes; Maschinen, die in ihrer Leistungsfähigkeit, Haltbarkeit und auch in Güte des Materials den amerikanischen wieder
gleichkommen, aber auch Erzeugnisse, denen man den Mangel
an Erfahrung überall anmerkt. Das ist beim Ankauf einer
Maschine wohl zu beachten; denn die Schreibmaschine ist eben
kein Modeartikel, den man wechselt wie einen Saisonhut. Sie
wird den meisten ein lieber Arbeitskamerad; dazu ist aber
notwendig, daß er uns in den Erwartungen nicht enttäuscht.

Die drei ersten Maschinen, Kosmopolit, Frister & Roßmann und Adler, wurden bereits erwähnt; bei der letzteren,
die sich, nebenbei gesagt, durch Stabilität auszeichnet, wirkt
die einseitige und außerhalb des Tastfeldes liegende Umschaltung störend beim Klassenunterricht und erschwert das Tastschreiben. Modell 15 will diesen Mangel beheben.

1900 brachte die Firma Seidel & Naumann, Dresden,
ihre „Ideal" heraus. In stetem Streben, ihr Fabrikat auf der
Höhe zu halten und allen Anforderungen gerecht zu werden,
arbeitete sie unablässig an der Verbesserung derselben, Auf
Ideal A, die in der Anordnung der Typenhebel an Salter Visible
erinnert, folgten Ideal B, C und D, die nicht nur im Heimat-
land, sondern auch im Ausland großen Verkauf erreichten.

Bernhard **Stöwer**, Stettin, fabriziert seit 1903 eine sehr
dauerhafte Maschine gleichen Namens. Sie war die erste, bei
welcher die Schreibwalze und der dazu gehörige Rahmen
herausgenommen und der Rest des Wagens hochgeklappt
werden konnte, wodurch die Reinigung erleichtert wurde. Das
neuere Modell heißt **Stöwer Record** und gehört zu den führenden deutschen Maschinen.

Vom gleichen Jahre ab warb die **Kanzler,** die auch in der Konstruktionsidee deutschen Ursprungs war, um den europäischen Markt, konnte sich aber nicht lange halten. Sie glich der Adler, trug aber die Zeichen für vier übereinander liegende Tasten an einem Typenhebel.

1904 kam als Erzeugnis der Wandererwerke, Chemnitz, die **Continental** auf den Markt, die in den langen Jahren ihrer Existenz den wenigsten Veränderungen unterworfen wurde. Sie war von Anfang an ziemlich vollkommen bei bestem Material. Selbstverständlich verfügen die letzten Modelle über alle technischen Neuerungen, die eine hochwertige Bureaumaschine besitzen soll.

Seit 1905 bauen Schilling & Krämer, Suhl, nach dem Underwoodprinzip die **Regina,** die mit zu den erstklassigen Maschinen gehört.

Durch leichte Zerlegbarkeit zeichnet sich **Mercedes** aus, die seit 1907 in Mehlis hergestellt wird. Die neueren Modelle stammen von Ingenieur Karl Schlüns, Berlin. Die Maschine fand überall eine große Verbreitung.

1909 übernahmen die Weilwerke in Rödelheim die Patente der Hassia und boten diese Maschine nach gründlicher Durcharbeitung und Verbesserung der Öffentlichkeit als **Torpedo** an. Sie hat sich einen guten Namen und einen bedeutenden Kundenkreis erworben.

Die Schreibmaschine **Dea** der deutsch-amerikanischen Werkzeugfabrik vorm. Gust. Krebs in Halle greift in der Typenhebellagerung auf die Remington zurück. Infolge der breiten, reibungslosen Zapfenlager ist eine Typenführung zu entbehren. Der Wagen läuft auf 8 Kugeln. Sie ist das Werk des Mechanikers Franz Hertl.

Bei der **Titania,** hergestellt seit 1910 von der Titania-Schreibmaschinen-Gesellschaft, Berlin, laufen außer dem Wagen auch die Typenhebel auf Kugeln, wodurch alle Hebel, auch die seitlichen, sich leicht bewegen.

Die Nähmaschinenfabrik Clemens Müller in Dresden baut seit 1910 die gut eingeführte **Urania.**

Die Fabrikationsrechte für die „Norica", die seit 1907 Karl Kührt hergestellt hatte, gingen auf die Triumphwerke, Nürnberg, über, welche diese Maschine nach wesentlichen Verbesserungen unter dem Namen **Triumph** in den Handel brachten und besonders in Süddeutschland regen Absatz erzielten.

In den Jahren 1913 und 1914 vermehrte sich die Zahl der deutschen Schreibmaschinenfabrikate wesentlich, noch mehr aber nach Beendigung des Krieges. Es würde zu weit führen, alle einzeln zu besprechen; es sei daher nur eine Auslese vorgetragen:

Mentor der Metall-Industrie, Schönebeck (1912);

Leframa und Carlem der Schreibmaschinenfabrik Carl Lehmann, Frankfurt a. M. (1913);

Franconia (1910), Minerva (1912) und Commercial (1914) des Konstrukteurs Karl Kührt in Nürnberg; letztere wurde ab 1921 einige Zeit unter dem Namen Berolina vertrieben;

Kappel (1914) der Maschinenfabrik Kappel, Chemnitz;

Omega (1919), eigentlich eine Abänderung der Frankonia von Mayr & Co., Augsburg;

Bavaria (1921) von Gebr. Siegl, Altötting;

A. E. G. (1921) der Allgemeinen Elektrizitäts-Ges., Berlin;

Rheinmetall (1921) der Rheinischen Metallwaren- und Maschinenfabrik, Abteilung Sömmerda in Thüringen;

Diamant (1921) der Diamant Schreibmaschinenfabrik Frankfurt a. M.:

Orga (1922) der Bingwerke, Nürnberg;

Glashütte (1923) von der Stadtverwaltung Glashütte;

Stolzenberg-Fortuna (1923) von Stolzenberg in Oos in Baden.

Reiseschreibmaschinen.

Die Schreibmaschine hatte sich allmählich in den Bureaus unentbehrlich gemacht, ja man wollte sie sogar auf Reisen bei sich haben. Dieses Bedürfnis stellte dem Konstrukteur die

Aufgabe, die Ausmaße und das Gewicht der Maschinen immer
mehr herabzusetzen; so entstanden die sog. Reisemaschinen,
von denen nachstehend einzelne aufgezählt seien.

Die Firma Seidel & Naumann, Dresden, konstruierte die
erste deutsche kleine Schreibmaschine von Bedeutung unter
dem Namen **Erika.** Sie wiegt 4,5 kg.

Das Reisemodell der Stöver heißt **Stöver-Elite,** das der
Adlerwerke **Kleinadler.**

Unter den ausländischen Maschinen erreichte. die **Corona**
die größte Verbreitung. Sie ist die leichteste und niedlichste
Schreibmaschine und wiegt ohne Kasten 2¾ kg. Hersteller:
Corona Typewriter Company, Groton.

Seit 1921 finden wir das Vorbild der allermeisten Maschinen,
die Underwood, auch als **Underwood portable,** trotz ihrer 3 kg
Gewicht vorzüglich in Leistungsfähigkeit und Haltbarkeit.
Frister & Roßmann gaben die Produktion der bereits erwähnten
Maschine auf und stellen dafür die **Senta** her, eine Reise-
maschine von 4¼ kg Gewicht.

1920 erschien auch die Remington-Gesellschaft mit einem
Reisemodell, **Remington portable,** auf dem Markte. Als Neu-
heit arbeiten die Typenhebel durch Zahnrad-Antrieb. Das
Griffbrett ist vierreihig.

Die vervollkommnete Schreibmaschine.

Immer mehr suchen die einzelnen Firmen ihre Fabrikate
zu verbessern, um dadurch den verschiedenen Ansprüchen der
Geschäftswelt gerecht zu werden, anderseits fortwährend neuen
Anreiz zur Beschaffung derselben zu geben. Zum Schreiben
von Tabellen erhielten die Maschinen den Kolonnensteller bzw.
den Tabulator; durch den sinnreichen Billinghebel wurden sie
zur eigentlichen Buchführungsmaschine, welche im Durch-
schreibverfahren die verschiedensten Einträge und Ausferti-
gungen in einem Arbeitsgange bewältigt; die Verbindung mit
Zählwerken und Tabulator machte die Schreibmaschine zur
Rechenmaschine, die senkrecht und wagerecht addiert und
subtrahiert, so daß nicht bloß der Laie staunend vor diesem
Wunderwerk der Technik steht. Indem man die Elektrizität

zum Antrieb verwendet, wird die Leistungsfähigkeit der Maschine und des Stenotypisten erhöht und doch die Arbeitskraft des letzteren geschont. Wenn dann einmal die Schreibkräfte durch eine gewissenhafte und gründliche Ausbildung befähigt werden, dieses technische Hilfsmittel voll auszuwerten, dann wird erst die Schreibmaschine die Bedeutung erlangen, daß man in der Betriebswirtschaft mit Recht von „einem Zeitalter der Schreibmaschine" sprechen kann, obwohl sie jetzt schon in allen Bureaus heimisch geworden ist und die Schreib- und Rechenarbeit ohne sie kaum mehr in diesem Umfange bewältigt werden könnte. „Sie gab den Kristallisationspunkt, um den sich alle neuzeitlichen Geschäftsmethoden gliederten, die zu jenem ungeahnten Aufschwung von Handel und Industrie in den letzten Jahren führten" (v. Schack).

Der Bau der Schreibmaschine.

Motto: Erfolgreich arbeiten kann nur
derjenige, der sein We.kzeug
genau kennt.

Zur Einführung: Hier könnten verschiedene Wege ein-
geschlagen werden. Am schönsten und umfassendsten wäre die
vergleichende Methode: die verschiedenen Systeme erstehen
vor dem Geiste des Lesers, er erhält vielseitige Unterlagen für
die Begriffsbildung, und er bewegt sich mit weitem Blick und
gründlichem Wissen mitten in dem reichen Stoff. Aber der
Marken sind so viele, ihr Bau und damit die Arbeitsweise der
einzelnen Teile ist so verschiedenartig, sogar die Benennung
der letzteren so unterschiedlich, daß es Schreibmaschinen-
mechanikern schwer wird, mehrere Maschinenarten gründlich
zu beherrschen, trotzdem ihnen die Ausbildung und die Berufs-
tätigkeit genügende Gelegenheit zur Einarbeit geben. Wie soll
nun der Laie in diesem umfangreichen, vielgestaltigen Wissens-
gebiete heimisch werden? Hierzu wäre ein jahrelanges theore-
tisches und praktisches Studium und Mitarbeit in verschiedenen
Werkstätten unerläßlich.

Leichter wird ihm die Gewinnung der notwendigen Grund-
begriffe, wenn er erst ein Fabrikat vollständig kennen gelernt
hat. Das gibt ihm einen Kreis von Vorstellungen, der gestattet,
in dem Neuen das Gemeinsame der Erscheinungen zu finden
und die nötigen klärenden und festigenden Verbindungen her-
zustellen. Dementsprechend soll in diesem Buche nur ein
Fabrikat einer eingehenden Betrachtung unterzogen werden,
wozu unter den deutschen Maschinen die anerkannt gute,
überall bestens eingeführte Continental gewählt wurde. Sie
gehört zu den Maschinen nach dem Underwood-Typ, der
den allermeisten Systemen zum Vorbilde diente, so daß nach

vielen Seiten Berührungspunkte gegeben sind. Einzelne Hinweise auf wesentliche Abweichungen anderer Maschinen mögen das Interesse wachrufen und verbreitern.

Abb. 24. Maschine mit Kolonnensteller.

Hauptteile: Entsprechend dem Hauptzweck, auf mechanischem Wege das Schreiben zu ermöglichen, besteht jede Maschine aus einem Druckapparat, einer Unterlage für das Papier mit einer Bewegungsvorrichtung und aus einer Einrichtung zur Einfärbung. Die verschiedenen Teile finden die nötigen Ruhelager in einem kubischen Gestell, dem Rahmen. Bei einzelnen Maschinen verbinden Blechwände die Ecksäulen, wodurch das Innere mehr vom Staub geschützt bleibt; eine geschlossene Vorderwand entzieht das Spiel der Typenhebel den Augen, so daß diese weniger beunruhigt werden.

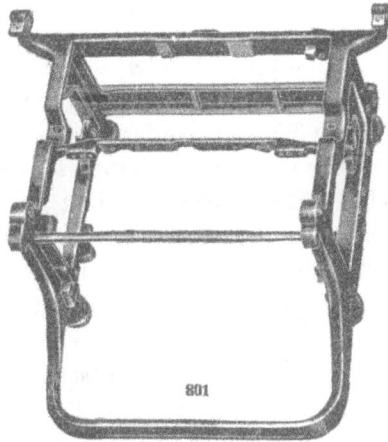

Abb. 25. Rahmen.

a) Das Hebelwerk.

Unten baut sich nach vorn gleich dem Spieltisch des Kla-
viers die Tastatur vor. Hiermit setzt man den Druckapparat
in Bewegung, dessen wesentlicher Bestandteil die bewegliche
Type ist. Aus der Geschichte der Schreibmaschine ist bekannt,
wie verschieden die Typenträger sein können; es sei nur erinnert

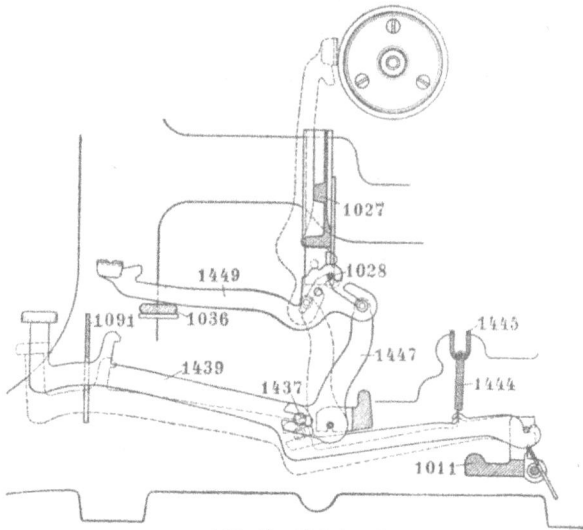

Abb. 26. Hebelwerk.

an den Typenzylinder der Crandall, an das Typenschiffchen
der Hammond, an die Typenstangen der Adler und an die
Typenhebel der Underwood.

Die meisten Schreibmaschinen arbeiten mit dem Schwung-
hebel. Ein **Tasthebel** reicht von der Tastatur bis in den hinteren Teil der Maschine; dort kann er in einem Tastwerklager
(1011) gedreht werden, eine Feder (1444), die in einem Feder-
tragstab (1445) eingehängt ist, zieht ihn nach oben; sie kann
auch von unten wirken. Vorn ist der Tastenhebel aufgebogen
und trägt in einer Schriftschale das Zeichen, welches durch ein
Glasplättchen und den Tastring geschützt wird. Ein seit-
liches Abweichen desselben beim Niederdrücken verhindert
der Tastenhebel-Führungskamm (1091), der innerhalb der

Tastatur durch die ganze Breite der Maschine zieht. Er ist leicht sichtbar, wenn man die Maschine vorn aufhebt. Hinter demselben trägt der Tasthebel einen Haken, der zur Tastensperrung dient. Ungefähr in der Mitte des Tastenhebels greift der **Zwischenhebel** (1447) mit einem Schlitzlager in eine Nippelrolle (1437) ein und leitet die Bewegung auf den **Typenhebel** (1449) über. Dieser hängt mit einem Haken an der Nippel des Zwischenhebels, mit dem andern in der Bogenachse (1028) des **Typenhebellagers** (1027), auch Segment genannt. Vorn liegt er auf dem Typenhebel-Ruhelager (1036).

Bewegungsvorgang. Ein Druck auf den Tastenhebelkopf senkt den Tastenhebel um 8 bis 18 mm, der Zwischenhebel wird nach unten gezogen, wodurch der Typenhebel nach oben geschleudert wird und an die Walze schlägt. Durch die eigene Schwere und die Feder am Tastenhebel erfolgt seine Rückbewegung. Von der Schnelligkeit dieser Bewegungen hängt die Schreibgeschwindigkeit ab; diese ist bereits so gesteigert, daß die Finger nicht mehr zu folgen vermögen. (16 Anschläge in der Sekunde!) Vor der Walze nimmt die **Typenführung** den Typenhebel auf und zwingt ihn am Druckpunkt zu zeilengerader Schrift. Dieselbe besteht aus zwei Keilen, die innen den anschlagenden Hebel am Halse eng umfassen.

Die Typen müssen aus bestem Stahl sein; sie sind entweder dem Typenhebel aufgelötet oder mittels Zapfen in demselben festgekeilt (Monarch). Auch die Typenhebel werden bei guten Maschinen aus bestem Material (10 proz. Chromnickelstahl) gearbeitet und erhalten durch eingestanzte Rillen größere Festigkeit. In ihre Lager dringt leicht Radierstaub, der mit dem Öl eine zähe Masse bildet. Zur gelegentlichen Reinigung können sie meist leicht herausgenommen werden.

Herausnahme der Typenhebel. Man setzt mit dem Wachsmatrizen-Hebel (bei Continental links der hintere Knebel) das Farbband außer Tätigkeit, drückt dann mit zwei Fingern die beiden Köpfe, die am Typenhebellager vorstehen, so tief als möglich hinein; dabei faßt man mit der anderen Hand einen Typenhebel und zieht mit einem mäßigen Druck, der nach oben und zugleich nach der Mitte des Segmentes gerichtet ist, nach

vorn. Der Hebel weicht dadurch fühlbar aus und hängt dann
nur mehr am Gelenkzapfen des Zwischenhebels, woraus er
durch Zurück- und Herunterdrücken frei wird. Es ist gut,
wenn man vorher den Bau eines Typenhebels an der Zeichnung näher betrachtet. Das Einsetzen geschieht in umgekehrter
Reihenfolge. Ein Druck auf die entsprechende Taste bringt
die Nippel des Zwischenhebels nach vorn, in die der Typenhebel zuerst eingehängt wird. Indem er nun in den Schlitz
des Segmentes mit Nachdruck geschoben wird, schnappt er
hörbar in die Bogenachse ein.

　Bei manchen Maschinen ersetzt man den Druck auf die
beiden Knöpfe durch einen Druck auf eine andere Taste; dadurch gibt das Typenhebel-Gegenlager auch den Haken frei.
Unter Benutzung der Tastwerkklappe (1013) könnten auch die
Tastenhebel herausgenommen werden.

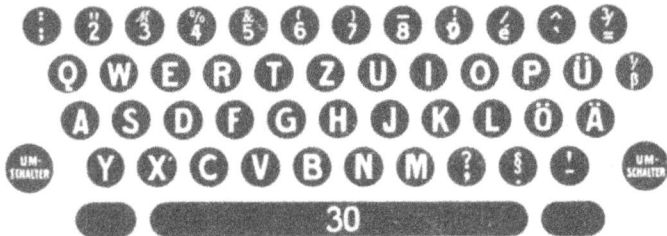

Abb. 27. Normaltastatur.

Die Tastatur. Außer den Tasten für Schriftzeichen, Satzzeichen und Ziffern dient die unterste lange Taste für die
Zwischenräume, links davon liegt bei Continental die Rücklauftaste, rechts der Zweifarben-Tasthebel und etwas oberhalb
der beiden befinden sich die Umschalttasten. Neben der Volltastatur, die für jedes Zeichen eine Taste aufweist, gibt es
die sog. Normaltastatur, bei der mit jeder Taste zwei Zeichen
angeschlagen werden können; sie zählt vier Reihen. Die Anordnung der Buchstaben, die nach dem englischen Setzkasten
erfolgte, wurde im Maschinenschreiber-Kongreß zu Toronto
1888 festgelegt. Die Ziffern und Zeichen fanden dabei leider
keine Berücksichtigung. Abweichungen von obiger Tastatur

nennt man Idealtastatur (Hammond). Bei Adler trägt jeder Typenhebel drei Zeichen, wodurch eine zweifache Umschaltung notwendig wird. Die Tastatur wird dabei kleiner und zählt nur drei Reihen. In jedem Unterrichtssaal sollte mindestens ein Tastatur-Wandbild aufgemacht sein. Die einzelnen Fabriken geben solche gerne ab.

Im Interesse der Schreibsicherheit und -fertigkeit, die vor allem das Tastschreiben gewährleistet, sollten alle Tasten innerhalb der gesamten Tastatur angebracht sein, damit die Hände nicht die Lage zu verändern brauchen. Es wäre auch sehr zu begrüßen, wenn die Wagen-Umschalttaste in der Mitte des Rahmens unter der Zwischenraumtaste eingebaut würde, wodurch die Daumen dieselbe bedienen könnten und der kleine Finger entlastet wäre.

Merksätze: Ein federnder Anschlag aus dem Fingergelenk schont die Maschine, ein hartes Hämmern aus dem Handgelenk oder gar das Stoßen aus dem Unterarm nützt sie vorzeitig ab und verursacht leicht Störungen.

Taktmäßiges Schreiben kommt der Maschine und dem Schreiber zugute.

Verklemmte Typenhebel befreit man, indem man sie sorgsam aneinander vorbei schiebt.

Radierstaub ist ein böser Feind der Maschine.

Beim Radieren ist der Wagen links oder rechts hinauszuschieben.

Iß nicht an der Maschine!

Man bürste die Typen in ihrer Längsrichtung.

b) Der Wagen.

Das Papier findet Aufnahme und Unterlage im Wagen, der daher auch Papiertisch heißt. Nachdem die Typenhebel immer auf dieselbe Stelle, den Druckpunkt, schlagen, bewegt er das Papier seitlich nach links oder nach rechts; das erklärt die Bezeichnung Wagen oder Schlitten. Er kann bei verschiedenen Maschinen, auch bei der neuen Continental, leicht abgenommen werden. Darüber gibt meist die beigegebene Gebrauchsanweisung Aufschluß, deren genaues Studium eigentlich eine Selbstverständlichkeit sein sollte.

Abnahme des Wagens. Bei der Continental nimmt man die Wagenzugsaite ab und hängt sie in den Winkel an der Gestell-

wand ein, schiebt den rechten Randsteller nach links und zieht
den Wagen darüber hinweg ganz nach rechts (siehe Ausrückung):
in dem Ausschnitt am Ende der Zeilenlänge-Skala wird der
vordere Wagenanschlag sichtbar; wenn nun der Verschluß-
hebel (Griff neben der Spulenschale) nach unten gedrückt wird,
kann die Wagenführung herausgehoben und der Wagen nach
rechts weggezogen werden. Beim Einsetzen achte man darauf,
daß der Wagenanschlag nicht mit
Gewalt in den Ausschnitt gepreßt
wird; ein Druck auf die Rücklauftaste dreht das Zahnstangentriebrad,
und der Wagen gleitet in seine ursprüngliche Lage zurück. Er muß
sich jetzt ohne jegliche Reibung bewegen. Dann hängt man die Zugsaite wieder ein.

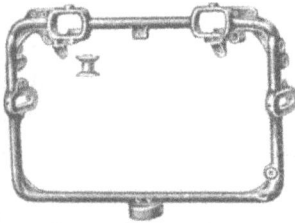

Abb. 28. Wagenrahmen.

Die Teile des Wagens. Entsprechend seinen verschiedenen
Aufgaben setzt sich der Wagen aus vielen Teilen zusammen,
die von einem Rahmen umschlossen und getragen werden.

1. Die Schreibwalze.

Der wichtigste Teil ist die Schreibwalze. Sie nimmt das
Papier auf, dient ihm als Unterlage und bewegt dasselbe von
unten nach oben. Sie besteht aus einem Holz- oder Metallkern
mit einem Gummiüberzug; dieser kann von verschiedener
Härte sein. Es gibt harte, mittelharte und weiche Walzen.
Erstere eignen sich besonders für Durchschlagarbeiten, während letztere eine weiche, dickere Schrift liefern. Ihre Ober-
fläche muß rauh sein, damit das Papier zur Fortbewegung die
nötige Reibung findet. Entsprechend der Verwendung kann
die Walze verschiedene Längen haben, von 24 cm aufwärts.
Diese Länge ist meist nicht voll ausnutzbar, so ergibt die Continental bei 24 cm Walzenlänge eine Ausnutzungsbreite von
21 cm. Das ist beim Einspannen des Papieres zu beachten.

In der Verlängerung der Walze befinden sich links und rechts
kreisrunde Scheiben, Daumenrollen oder **Handrädchen** genannt.
Mit ihnen kann dieselbe vor- und rückwärts gedreht werden.

Durchschlagarbeiten verlangen eine härtere Walze als gewöhnliche Briefe; deswegen besteht bei Maschinen die Möglichkeit, dieselbe auszuwechseln. Bei Continental faßt man zu diesem Zweck die Schreibwalze mit der einen Hand und dreht mit der anderen das rechte Handrädchen heraus; dabei ist die Walzenbremse auszuschalten. Dann entfernt man das linke Handrädchen durch Linksdrehen. Nun kann die Schreibwalze abgehoben und durch eine andere ersetzt werden. Beim Festmachen hüte man sich, die Handrädchen zu fest anzuziehen.

Papierandruckrollen. Unter der Hauptwalze liegt das glatte Papierführungsblech enge an; in Ausschnitten desselben drücken kleinere Gummiwalzen oder Rollen gegen die Schreibwalze und bewegen dadurch das Papier, wenn sie gedreht wird. Diese Gummiwalzen sitzen auf den Papiertransportachsen, von denen die meisten Maschinen zwei haben, eine vordere und eine hintere. Der Gummibezug kann verschieden abgeteilt sein. Die Adler hat hinten nur eine lange Transportwalze, während die vordere durch eine Andruckschiene ersetzt ist. Der Druck gegen die Hauptwalze erfolgt durch eine regulierbare Feder; er muß gleichmäßig sein, da sich sonst das Papier schief einzieht. Am herausgenommenen Wagen bzw. bei abgehobener Walze kann die ganze Einrichtung gut beobachtet werden.

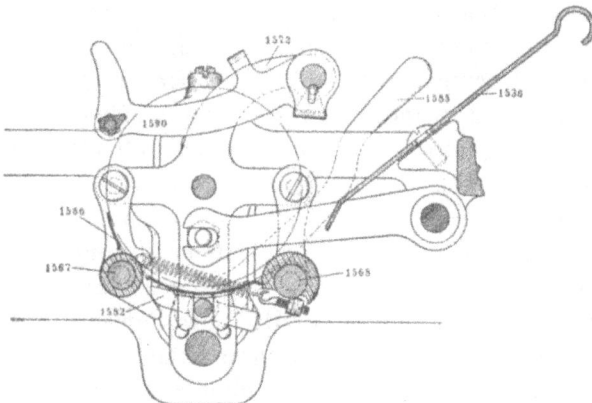

Abb. 29. Papierführung.

Durch eine Querleiste läßt sich mittels eines Hebels der Druck der Papiertransportachsen und damit des Papierführungsbleches aufheben, so daß das Papier bewegt und ausgerichtet werden kann. Die Schnittzeichnung Abb. 29 zeigt mit 1567 und 1568 die **Transportachsen,** 1566 das **Papierführungsblech,** 1582 den **Papierauslöser** und 1583 den **Papier-Auslösehebel.** Indem dieser nach vorn gezogen wird, drückt der Papierauslöser auf die Backen der Transportachsen und hebt diese von der Hauptwalze ab. Das eingezogene Papier liegt jetzt frei beweglich unter der Schreibwalze. Das Papierführungsblech ist ziemlich schwach und daher der Gefahr einer Verbiegung oder Verbeulung leicht ausgesetzt, wodurch die Führung des Papieres leiden würde. Also Vorsicht!

Das Papierauflageblech. Die Einführung des Papieres erleichtert das Papierauflageblech (1536); es steht schräg aufwärts und dient dem Papier auch als Stütze. Meist zeigt sich auf demselben der Name der Maschine. Links und rechts ermöglichen die verschiebbaren Anlagelineale eine übereinstimmende Einführung der Blätter, so daß diese immer den gleichen seitlichen Rand erhalten. Der untere Rand wird durch einen Randmaßstab bestimmt, der in der Mitte der oberen Kante des Papierauflagebleches eingesetzt wird; er stellt eine in Zentimeter eingeteilte Schiene dar, auf der ein Schieber die Höhe anzeigt, d. h. aufmerksam macht, wann das Schriftstück unten zu beenden ist. Selbstverständlich muß der Schieber für die verwendete Papiergröße erst eingestellt werden.

Andere Maschinen, wie Ideal C, haben breiter ausladende Blatthalter, aus dem im oberen Teil eine Schiene mit Schieber hinausragt. Sie halten den Schreibbogen aufrecht und bieten das Geschriebene bequem dem Auge dar.

Papierausrichtung. Beim Eindrehen erscheint das Papier vorn zwischen Walze und Papierführungsblech. Hier ist schon zu sehen, ob es gerade eingezogen wurde; sollte das nicht der Fall sein, müßte es mit Hilfe des Papier-Auslösehebels ausgerichtet werden. Als Richtschnur kann der obere Rand des Papierführungsbleches, die Zeilenhöheskala oder die Papierandruckschiene dienen; sie zeigen die Wagerechte auf. Die

Zeilenhöhezeiger sind mit Einteilungen versehene Blechstreifen links und rechts von der Farbbandträgerführung. Auf ihnen sitzen die Schriftzeichen auf, sie zeigen also die Höhe der

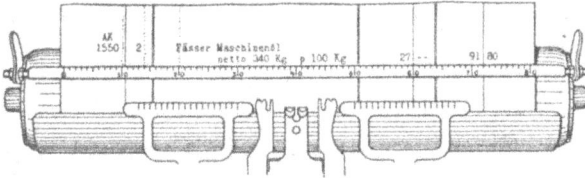

Abb. 30. Papierausrichtung.

Zeilen an. Die Striche entsprechen der Buchstabenmitte, weshalb z. B. i, l, t dieselben gewissermaßen verlängern.

Die Papierandruckschiene vertritt hier die Stelle von einzelnen Papierhaltern. Sie ist aufklappbar, indem die beiden Arme (1590 Abb. 29) an den Walzenwangen (1572) drehbar gelagert sind. Eine Gradeinteilung leistet zur schönen Darstellung verschiedener Schriftstücke gute Dienste. Schneidet der obere Rand des Papieres mit der Querschiene ab, so liegt er bereits vier Zeilenbreiten über dem Druckpunkt. Bei Postkarten und kleineren Mitteilungen reicht das Papier bei den ersten Zeilen nicht bis zur Andruckschiene; es steht daher von der Walze ab, und die Schriftzeichen werden unrein. Hier hilft ein Postkartenhalter (1852), wie ihn nebenstehendes Bild zeigt. Er wird in Ösen an der Farbbandträgerführung (1846) eingesteckt.

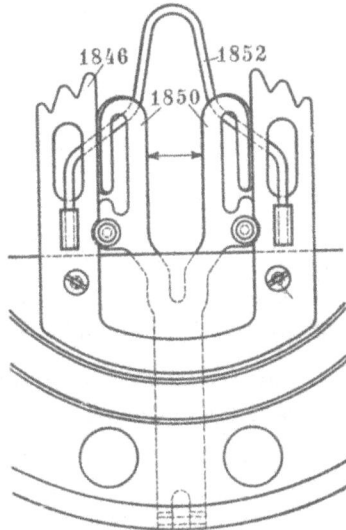

Abb. 31. Postkartenhalter.

2. Zeilenschaltung.

Zweck: Mit dieser Vorrichtung wird der Wagen nach rechts geführt, wenn die Zeile zu Ende ist, und zugleich eine

neue Zeile eingeschaltet. Es lassen sich dabei 1, 2 und 3 Zeilen-
zwischenräume (4,24 mm) herstellen. Die neueren Continentals
ermöglichen auch die Bildung von dazwischen liegenden Ent-
fernungen. Im gewöhnlichen Briefverkehr ist ein Zwischenraum von 2 Zeilen üblich; sollte an dessen Stelle das 1½fache
Ausmaß treten, könnte gewiß Papier gespart werden.

Bei solchen Maschinen muß aber die Einschaltung einer
neuen Zeile unbedingt mit dem Zeilenschalthebel vorgenommen
werden; der Gebrauch des Handrades hiezu ergäbe unterschied-

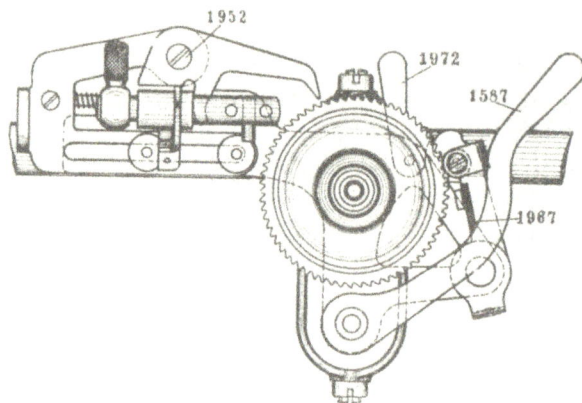

Abb. 22. Zeilenschaltung.

liche Zeilenabstände. Die neue Zeile mit dem Handrad ein-
zustellen, kommt wohl sehr häufig vor, ist aber unpraktisch
und führt zu Ungenauigkeiten. Es sollte unbedingt unterbleiben.

Teile: Die Zeilenschaltung besteht von innen nach außen
aus folgenden Teilen:

1. dem Zeilenschaltrad an der Schreibwalze,
2. der Zeilenschaltklinke (1952),
3. dem Zeilenschaltschieber, mit der Klinke verbunden,
4. dem Zeilenschalthebel (auf dem Bilde weggelassen),
5. der Zeilenbreiteneinstellung mit Welle, 3 An-
   schlagstiften und Griff (1955),

6. der Zeilenschalt-Sperrolle oder Walzenbremse
(1967),

7. dem Zeilenschalt-Auslösehebel (1972),

8. der Stechwalze oder dem Walzenfreilauf. Abb. 34.

Das Zeilenschaltrad ist für gewöhnlich an der Handrad-
hülse festgeklemmt. Durch die Zahl seiner Zähne (33) wird der
Zeilenabstand bestimmt. Drücken wir auf den Zeilenschalthebel, so greift durch den Schieber die Klinke in eine Zahnlücke des Schaltrades ein und dreht dieses, womit auch die

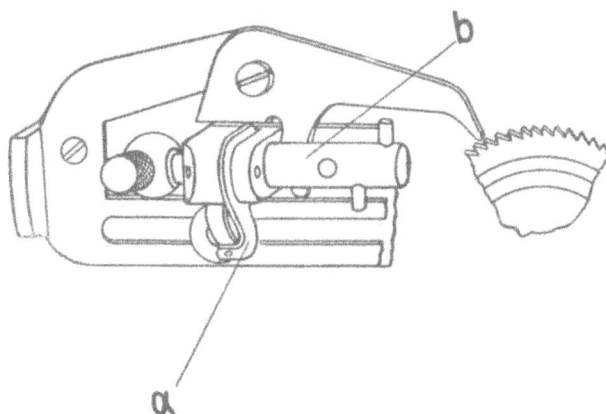

Abb. 33. Zeilenschaltung für Zwischenabstände.

Walze bewegt wird. Die Stifte an der Stellwalze begrenzen
die Bewegung. Die Sperrolle, welche auf der entgegengesetzten
Seite des Rades auf die Zahnlücken einen federnden Druck
ausübt, hemmt rechtzeitig das Zeilenschaltrad, so daß nur die
vorgesehene Drehung erfolgt. Eine Feder am Schieber bringt
die Zeilenschaltung wieder in die Ausgangslage zurück.

Die Stellwalze oder Welle (b) kann mittels eines Griffes
gedreht werden; dadurch kommt der 1., bzw. 2. oder 3. Stift
nach innen zu liegen und bietet für die Weiterbewegung der
Klinke ein Hindernis. Steht der Griff wagerecht, so ist ein
Zeilenabstand eingeschaltet. Bei der neueren Continental-
Maschine kann die Stiftwelle durch Anheben der Feder a nach
innen etwas verschoben werden; auf diese Weise kommen die

bereits erwähnten Zwischenentfernungen zustande. Beim **Zu-
rückziehen** der Welle ist kein Druck auf die **Feder** notwendig.

Zum Beschreiben von **liniertem Papier** oder zum Aus-
füllen von Formularien eignet sich meist die Zeilenschaltung
mit ihren festgelegten Zeilenabständen nicht. Dazu kann
durch den Lösehebel die Sperrolle abgehoben und dann die
Walze mit dem Handrad beliebig gedreht werden, so daß die
Linie genau mit dem Zeilenhöhczeiger abschneidet. Dabei ist
aber die Walze nicht mehr festgeklemmt, und es kommt vor,
daß bei älteren Maschinen oder bei leicht drehbaren Walzen
sich das Papier verschiebt und die Zeile ungerade wird. Das
verhindert der eigentliche Walzenfreilauf, auch Stechwalze
genannt.

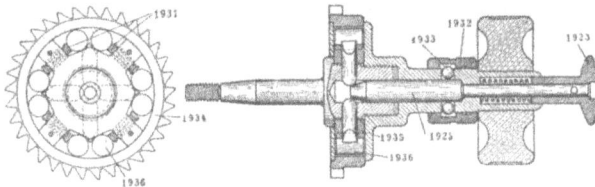

Abb. 34. Walzenfreilauf (Schnitt).

Der Walzenfreilauf. Durch einen Druck auf den
Druckknopf (1923) schiebt ein **Stift (1925)** die **Rollen-
Auslösestifte (1935)** auseinander, wodurch die Rollen (1936)
gegen ihre Federn (1937) gepreßt werden, nicht mehr gegen den
Zeilenschalt-Zahnkranz (1934) drücken und daher diesen frei-
geben. Derselbe ist nun für sich beweglich. Dadurch kann die
Walze gedreht werden, ohne daß das Schaltrad mitgeht. Eine
Feder innerhalb des Handrades bringt die einzelnen Teile wieder
in die Normallage zurück. Die zwei **Kugeln (1933)** gestatten
eine Feststellung des Freilaufes, indem sie hinter dem verdickten
Teil des Stiftes einfallen und durch die darüber geschobene
Sperrmuff (1932) in dieser Lage gehalten werden.

Wird die Walze mittels des Zeilenschaltrad-Lösehebels auf
Freilauf gestellt, so ergibt die Rückkehr zum gehemmten Rad
meist nicht den gewünschten Zeilenabstand, bzw. die verlangte
Zeilenhöhe, da die Sperrolle einfach in die nächste Zahnlücke

einfällt. Bei der Stechwalze ist das nicht der Fall. Außerdem hat sie noch den Vorteil, daß die Druckstelle auf der Walze verändert werden kann und diese somit mehr geschont wird.

Der Walzenfreilauf findet auch Verwendung beim Verbessern von Fehlern; mit ihm stellen wir die Zeilenhöhe ein, richten das Papier wagerecht. Für die senkrechte Einordnung dienen die Teilstriche am Zeilenhöhezeiger, auf denen man am besten die Buchstaben i oder l genau aufsitzen läßt. Zur Prüfung schlägt man den Punkt oder das Komma an.

Bei anderen Maschinen wird die Zeilenschaltklinke durch einen Zeilenstellhebel, der als Knopf nebenan liegt, für 2 oder 3 Zeilenabstände entsprechend gesenkt; sie greift dann 1 bzw. 2 Zähne tiefer ein und dreht somit die Walze mehr. Der Lösehebel ist natürlich auch in der Nähe zu finden.

An Adler erfolgt die Zeileneinstellung durch eine Exenterscheibe.

„Der Walzenfreilauf darf nicht geölt werden.‟

Merke: Schlage die Zeichen für Punkt und Komma leicht an, sonst wird das Papier durchlöchert, und die Walze bekommt bleibende Eindrücke!

Ziehe stets ein Schutzblatt mit ein!

Fasse die Schreibwalze nur gezwungenerweise mit der Hand an!

Halte beim Abnehmen des Wagens die Darmsaite gut und lasse sie erst los, wenn sie sicher eingehängt ist!

c) Die Wagenbewegung.

Nachdem der schreibende Teil der Maschine immer an der gleichen Stelle anschlägt, muß durch eine Bewegung des Wagens und damit des Papieres der Platz für ein neues Zeichen beschafft werden. Das besorgt das Wagenzugwerk. Die Bewegung des Wagens muß möglichst leicht und reibungslos, vollständig geradlinig erfolgen. Die Laufstangen sind daher aus gehärtetem Stahl und glatt geschliffen. Darüber gleitet der Wagen auf Rollen mit Kugellauf, hinten zwei, vorne eine. Führungsrollen und Platten sichern die gerade Linie.

Bei anderen Maschinen haben die Laufschienen Rinnen oder Gassen, oder eine Führungsbuchse umfaßt vollständig die Achse.

Der Wagen kann auf dreierlei Weise bewegt werden:
durch einen Druck auf das linke Handrad oder auf den
    Zeilenschalthebel nach rechts,
durch den Anschlag einer Taste schrittweise nach links und
    unter Benutzung des Wagenauslösehebels nach links und
    rechts.

Bei der freien Bewegung nach rechts macht sich ein Gegendruck bemerkbar; das ist die Kraft der Wagenzugfeder, die
dabei aufgezogen wird. Sie verursacht die Linksbewegung.

1. Der Wagenzug. Er setzt sich zusammen aus einem
Federgehäuse mit **Stahlfeder** und der **Zugsaite.** Das Federgehäuse (1455) befindet sich in der hinteren linken Hälfte der

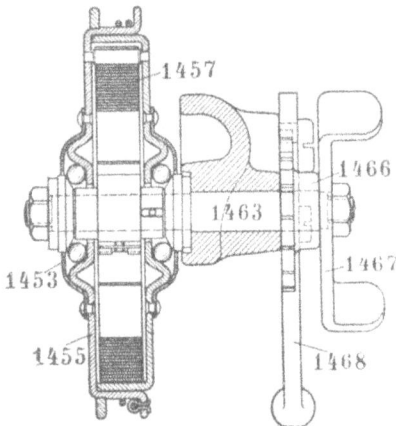

Maschine und ist an einer
Achse (1463) auf Kugeln
(1453) drehbar. An demselben wird das eine Ende der
Darmsaite mittels einer Öse
befestigt; das andere hängt
mit einem Knopf am Saiten-
halter des Wagenrahmens.
Darunter trägt die Gestell-
wand einen Winkel für den
Fall, daß die Saite abge-
hängt werden soll. (Ab-
nahme des Wagens.) Die
Spannung der Feder (1457)
erfolgt durch Rechtsdrehung

einer zweiflügeligen **Spannkurbel** (1467). Ein **Sperrad** (1466) mit
einem Hebel (Anker) (1468) sichert die Spannung. Diese soll
das richtige Maß haben; ist sie zu schwach, wird der Wagen
nicht ganz und nur schleppend durchgezogen; ist sie zu stark,
wird er schlagend fortgerissen und der feine Mechanismus leidet
Schaden. Gewöhnlich genügt der Druck von ½ kg zur Bewegung
des Wagens. Damit nicht unberufene Hände die Spannung
ändern, ist der Sperrhebel mit einer zweiten Schraube (die
untere) festgemacht; diese muß erst herausgenommen werden.
wenn die Feder nachzulassen oder weiter zu spannen ist.

Abb. 35. Hauptfedergehäuse.

Bei älteren Maschinen, wie Densmore, Remington 7, ist die Feder zu sehen. An Stelle von Saiten haben einzelne gewebte Zugbänder (Underwood), Metallbänder (Remington), Drahtseile (Ideal C) oder Zahnradgetriebe (Smith).

2. Wagenschaltung (Schrittmechanismus). Die Bewegung nach links geschieht beim Niederdrücken der Taste schrittweise, von Buchstabe zu Buchstabe. Es wird also die freie Zugkraft der Feder immer wieder gehemmt; das besorgt das **Schaltschloß.** Die Hauptbestandteile desselben sind das **Schaltrad** (1346) und der **Schaltkörper** (Abb. 37). Ersteres ist ein Sternrad. Auf der Achse desselben sitzt nach innen ein Kammrad, das **Zahnstangengetrieberad** (1344), in dieses greift die Zahnstange des Wagens ein. Der Schaltkörper ist beweglich, er schaukelt hin und her, weshalb er auch Schaukler genannt wird. Mit seinen zwei Messerchen oder **Schaltzähnen** (1876/87), einem festen und einem losen, hemmt er das Schaltrad. Hinter dem

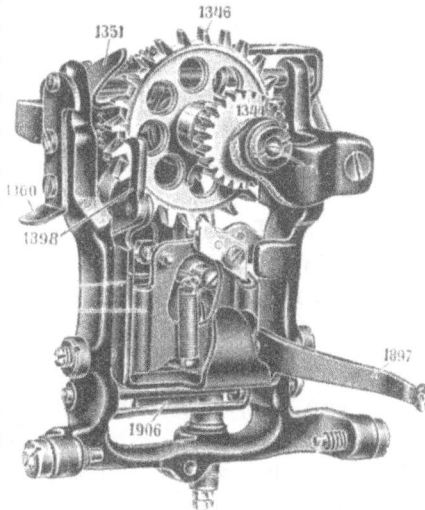

Abb. 36. Schaltschloß (von vorn).

Typenhebellager liegt gleichlaufend mit der Bogenachse, in der doch die Typenhebel hängen, die **Typenhebel-Schaltbrücke;** sie reicht mittels Verbindungsstücken bis hinter zum Schaltschloß, ist aber an demselben nicht befestigt.

Wirkungsweise. Die Spannkraft der Wagenzugfeder will den Wagen weiterziehen.

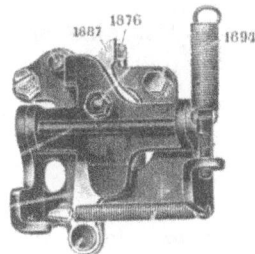

Abb. 37. Schaltkörper.

Durch die Zahnstange und das Zahnstangengetrieberad ist er jedoch mit dem Schaltrad verbunden, und dieses hält der bewegliche Schaltzahn fest. Wird

nun eine Taste angeschlagen, so drückt die Nase des Typenhebels (a)
die Schaltbrücke nach innen; diese Bewegung übertragen die Ver-
bindungsstücke nach hinten, und ein Knopf schiebt den Schaltkörper zurück. Der lose Schaltzahn
verläßt das Hemmrad und der feste
tritt sofort an seine Stelle. Während-
dessen zieht eine Feder den ersteren
um Zahnesbreite nach vorn. Beim
Loslassen der Taste bringt eine starke Feder (1894) den
Schaltkörper wieder in seine Grundstellung zurück. Dabei
kommt der lose Schaltzahn in die nächste Zahnlücke zu stehen,
es ist das Schaltrad nicht mehr gehemmt, und der Wagenzug
wirkt, indem er durch die Zahnstange das Getrieberad vorwärts
dreht. Diese Bewegung erreicht mit einem Ruck seinen Still-
stand; denn der lose Schaltzahn wird vom Schalterrad erfaßt
und gegen sein Widerlager gedrückt. Ein Schritt kam zustande.
Fünf Kräfte haben mitgeholfen: die auslösende Kraft des
Fingers, die durch die Schaltbrücke auf den Schaltkörper
übertragen wurde, die hemmende des festen Schaltzahnes,
die vorbereitende der Schaltzahnfeder, die einleitende der
Schaltkörperfeder und die bewegende der Wagenzugfeder.
Die Spannung des Schaltkörpers kann verändert werden.

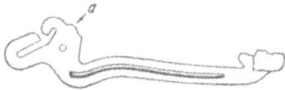

Abb. 38. Typenhebel.

Andere Maschinen zeigen in der Wagenschaltung verschiedene Abweichungen, die aber nicht wesentlich sind und durch
nähere Beobachtung leicht gefunden werden können. Bei
Remington läuft unter den Tastenhebeln eine Stange die
ganze Maschine entlang. Diese geht bei jedem Hebeldruck
nieder und leitet die Bewegung auf den Schaltkörper über.
An Stelle der zwei Messerchen arbeitet diese Maschine mit
zwei Schalträdern, zwischen denen ein Schaltzahn hin- und
hergeht.

Vor- und Nachauslösung. Bei dem oben beschriebenen
Vorgang erfolgt die Bewegung nach Freigabe der Taste. Man
spricht hier von Nachauslösung. Rückt der Wagen schon während des Anschlages weiter, so hat die Maschine Vorauslösung.
Diese soll ein schnelleres Schreiben ermöglichen, verlangt aber
einen einwandfreien, sehr kurzen Anschlag, weil sonst Schrift-

schatten entstehen. An einzelnen Maschinen können beide Auslösungen eingeschaltet werden.

3. Zwischenraumtaste. Ein Wort ist von dem andern durch einen Zwischenraum zu trennen; dazu dient die lange Taste auf der untersten Reihe. Von ihr führen zwei Tasten- hebel zurück zur gemein- samen Achse. Diese steht durch eine Schubstange mit einer eigenen Schalt- brücke (1897) in Verbin- dung, so daß durch das Niederdrücken derselben die gleiche Schrittbewegung ausgelöst wird, wie beim Anschlag einer Zeichentaste, nur findet dabei kein Trans- port des Farbbandes statt, was zur Schonung dessel- ben beiträgt. Es wird bei größter Sparsamkeit eine absolut gleichmäßige Ab- nutzung des Bandes und

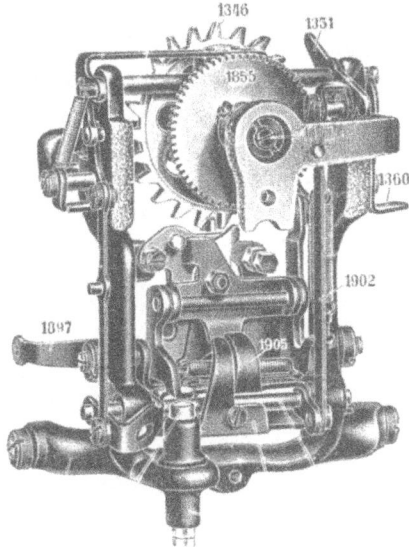

Abb. 39. Schaltschloß (von hinten).

eine immer gleich starke saubere Schrift erzielt. Ein Sperr- haken (1898) begrenzt die Bewegung des Schaltrades auf einen Zahn.

Bei anderen Maschinen (Remington) wirkt die Zwischen- raumtaste durch dieselbe Schaltung wie die Typenhebel.

4. Die Wagenauslösung. Durch den **Wagenauslösehebel** links neben dem Wagenrahmen kann die Hemmung des Schalt- schlosses aufgehoben und der Wagen frei hin- und hergezogen werden. Bei dessen Benutzung ist zu beachten, daß die Kraft der Wagenzugfeder unbehindert wirken kann; ein entsprechen- der Gegendruck der Hand schont die Zahnstange und das Getrieberad.

Wirkungsweise. Bei Continental drückt beim Gebrauch des Auslösehebels die **Auslöseschiene,** die unter dem Papier-

auflageblech den ganzen Wagen entlang läuft, auf den oberen
Schaltschloß-Auslösehebel (1351), der die Bewegung durch eine
Zugstange (1902) auf die **Schaltzahn-Auslösebrücke** (1905) überträgt. In Form eines gebogenen Fingers (an der Maschine von
hinten leicht zu finden) schiebt sie den Schaltkörper nach **vorn**,
der bewegliche Zahn verläßt das Schaltrad, das sich nun frei
drehen kann und den Wagen nicht mehr hemmt.

Zur bequemen Bedienung haben andere Maschinen zwei
solche Hebel. Sie lösen entweder die Verbindung zwischen
Zahnstange und Getrieberad, wie bei Triumph, Ideal C, Adler,
oder nehmen auch die Messerchen aus dem Hemmrad, wie bei
Mercedes.

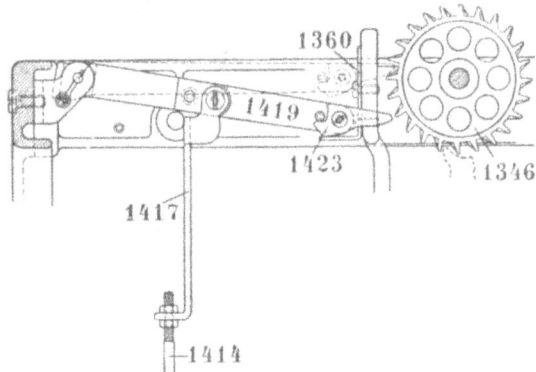

Abb. 40. Rückschaltung.

5. Rückschaltvorrichtung. Links neben der Zwischenraumtaste liegt die Rücklauftaste. Der Druck auf dieselbe zieht den
Wagen schrittweise zurück. Die Vorrichtung besteht aus einem
zweiarmigen Hebel, der Schubstange (1414/17), dem **Rückschalt-
hebel** (1419) und der **Schaltklinke** (1423).

Vorgang. Der Niedergang der Rücklauftaste hebt die
Schubstange und damit den Schalthebel; die Schaltklinke
greift in die Zahnlücke des Schaltrades ein und dreht dasselbe
zurück. Ein Anschlag (1360) beschränkt die Drehung auf eine
Buchstabenbreite.

Bei anderen Rückschaltungen faßt ein Griffhaken die
Zahnstange und zieht den Wagen zurück (Triumph, Ideal C).

Bei der Remington greift eine Schubstange an der gekanteten Welle des Schaltrades an. Adler hat zur Rückschaltung einen großen Haken rechts unterhalb der Tastatur; seine Arbeitsweise ist leicht zu beobachten.

Zweck: Die Rücktaste erleichtert die Auffindung der Druckstelle bei zusammengesetzten Zeichen, bei doppelten Anschlägen zwecks Hervorhebung, bei Verbesserungen; sie dient beim Addieren von Zahlenkolonnen zur Aufsuchung des Stellenwertes und ergänzt die Arbeit des Kolonnenstellers.

6. Die Tottaste. Sie heißt so, weil sie für die Hauptbewegung der Maschinen, die Wagenschaltung, nicht existiert. Mit ihr werden die Akzente und angeschlagen, unter die dann die gewünschten Buchstaben gesetzt werden.

Vorgang. Der Akzenthebel bewegt bei seinem Anschlag das Typenhebel-Gegenlager (Schaltbrücke) nicht, da die erwähnte Nase fehlt; es findet somit keine Übertragung auf den Schaltkörper statt wie bei den andern Typenhebeln. Infolgedessen würde auch das Farbband nicht gehoben. Dazu hat die Maschine eine eigene Einrichtung. Am Tastenhebel befindet sich unten ein trapezförmiges Eisenstück; dieses wirkt auf die Tottasten-Hubbrücke und führt die Hebung des Farbbandes herbei.

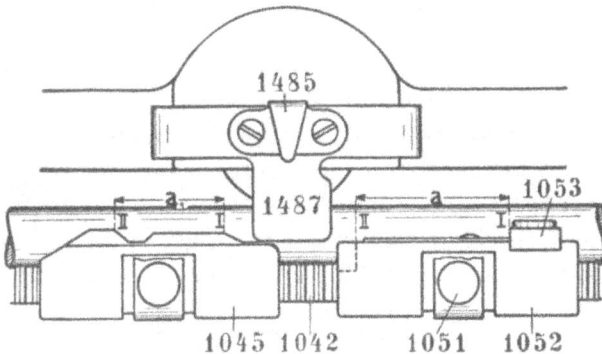

Abb. 41. Zeilenlänge-Einrichtung.

7. Zeilenlänge-Einrichtung. Die Wagenbewegung findet am Rahmen ihren endgültigen Halt. Der Wagenanschlag

unter der vorderen Laufrolle (1487) bietet den Widerstand.
Dabei würde das Papier der ganzen Walzenlänge nach beschrieben. Zur Einstellung verschieden langer Zeilen dienen
der linke und rechte Randsteller (1045 und 1052) oder die
Zeilenlängekloben. Sie sind auf einer **Zahnstange** (1042) ver-
schiebbar, ein Stift mit Feder hält sie in den Rasten fest,
woraus sie durch Ziehen an einem Griff befreit werden. Jeder
Kloben trägt einen Zeiger, der auf die **Zeilenlänge-Skala**
weist. Über dem Wagenanschlag sitzt ebenfalls ein Zeiger; er
heißt auch **Finder** (1485), da er zur Feststellung des Druck-
punktes dient. Der rechte Randsteller zeigt eine Erhöhung,
während der linke deren zwei hat. Die Skala umfaßt meist
80 Teilstriche, ihnen entspricht die Einteilung der Papierandruckschiene.

Wirkungsweise. Wird der Wagen mit dem Zeilenschalthebel nach rechts geführt, so sperrt die Erhöhung des rechten
Klobens die Bewegung. Der Zeiger des Klobens und der Finder
weisen auf den gleichen Teilstrich der Skala. Am Ende der
Zeile kommt der Wagen an den linken Randsteller, der Anschlag muß erst die Erhöhung hinauf, es ertönt ein Glocken-
zeichen, das aufmerksam macht, daß nur noch 6 Anschläge
zur Verfügung stehen. (Trennen!) Die zweite Erhöhung ist
stärker als die vorhergehende; hier hält der Wagen, denn die
Tasten sind gesperrt.

Bei verschiedenen Maschinen ist die Randstellvorrichtung
hinter dem Wagen eingebaut. An Adler ist sie geteilt; die
hinterste gezahnte Welle dient der Randstellung links, der
Ein- und Ausrückung; die Sperrvorrichtung für den rechten
Rand liegt rechts unter der Walze.

Zweck. Die Randsteller begrenzen genau die Zeilenlänge:
man braucht darum auf Anfang und Ende der Zeile nicht eigens
zu achten.

Benutzung. An der Andruckschiene liest man am besten
die Breite des linken Randes ab. Auf den gleichen Skalastrich
stellt man den rechten Kloben ein. Eine probeweise Verschiebung des Wagens bestätigt, daß der Druckpunkt am richtigen
Platze ist, d. h. daß die Zeile am gewünschten Punkt ihren

Anfang nimmt. Zur Einstellung des rechten Randes verfährt man ebenso mit dem linken Kloben. Oder: Man führe den Wagen genau an die Stelle, wo links bzw. rechts die Zeile begrenzt sein soll und ziehe dann die Randsteller an den Wagenanschlag heran.

Die Kloben dürfen nicht gewalttätig aus ihren Rasten genommen werden.

Zentrierungsskala. Underwood, Ideal C u. a. haben am Zeilenlängenbrett zweierlei Einteilungen, oben für die Schriftzeile, darunter eine andere, an der die Teile doppelt so groß sind wie bei der oberen. Die Numerierungen der beiden laufen gegeneinander. Mit dieser Vorrichtung können Ausdrücke leichter zentriert, d. h. in die Mitte des Blattes gesetzt werden. Die Anwendung gestaltet sich folgendermaßen: Der Wagen wird ganz nach rechts geführt und die Anschläge eines Wortes werden an der Zwischenraumtaste abgezählt. Dabei bewegt sich der Wagen nach links und der letzte Teilstrich an der unteren Skala gibt die Zahl an, bei der wir den Wagen an der oberen Einteilung beim Schreiben des Wortes ansetzen müssen. Selbstverständlich muß das Papier so eingezogen sein, daß von der Walze links und rechts gleichviel freibleibt; dann kommt der Ausdruck genau in die Mitte des Blattes. Diese Einrichtung findet vor allem Anwendung bei Rundschreiben.

8. Die Tastensperre. Ihr Hauptbestandteil ist der **Sperrungs-Antriebshebel** (1058), der oben an der Unterseite der Zahnstange angemacht ist und an dem anderen

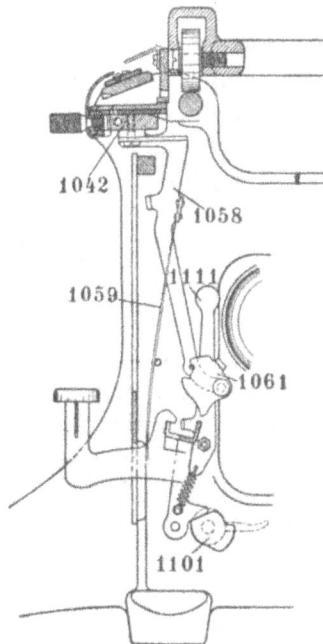

Abb. 42. Tastensperre.

Ende die **Sperrklinke** (1061) trägt. Eine **Plattfeder** (1059) zieht ihn an die Vorderwand des Wagens. Seitlich befindet sich der

Klöppel (1111) für die Glocke, der mit einem Fortsatz unter die Sperrklinke greift. Den ganzen Wagen entlang läuft über die Tasthebel, welche Sperrnasen tragen, ein **Sperrahmen**; es ist das eine rechtwinklig aufgebogene Schiene. Unten dient ein **Nocken** (1101) zur Sperrung der Tastenhebel mit der Hand. Bei der neueren Continental läuft vom Sperrahmen eine Zugstange zum Schaltschloß; diese zieht an der rechten Seite desselben eine Platte nach unten, welche die Bewegung der Schaltbrücke unterbindet. Der Vorgang ist leicht zu beobachten.

Wirkungsweise. Der Wagenanschlag drückt durch den linken Randsteller die Zahnstange nieder, der Antriebshebel wird durch die Plattfeder an die Vorderwand gezogen, geht am Klöppel vorbei, und die Sperrklinke nimmt diesen mit. Bei weiterer Bewegung gibt sie den Klöppel frei, den eine Feder an die Glocke schnellt. Verstärkt sich auf der zweiten Erhöhung der Druck, so faßt die Sperrklinke den Sperrahmen und schiebt ihn unter die Sperrnasen der Tastenhebel, so daß diese nicht mehr niedergehen. Zur näheren Beobachtung mache man das Blech, an dem sich die Zwillingstaste befindet, weg.

Gut kann der Vorgang auch bei der Remington 10 verfolgt werden; da nimmt die Sperrung vom Randauslöser in der Mitte seinen Ausgang. Die einzelnen Maschinensysteme haben mehr oder weniger sicher wirkende Sperrvorrichtungen.

Die Tastenhebel können auch mit der Hand verriegelt werden. Dazu hat die Continental an der linken Außenwand hinter der Schreibwalzen-Schaltungsfeststellung einen kleinen Knebel, der durch einen Nocken den Sperrahmen nach vorn schiebt und damit die Tasten sperrt. Bei Ideal C befindet sich zu diesem Zweck rechts außen ein Knopf. Auch diese Maschine zeigt den Sperrungsvorgang recht klar, wenn man von links hinter die vordere Ecksäule blickt.

Die geheime Verriegelung schützt die Maschine vor Benutzung durch einen Unberufenen.

9. Randauslösung, Ein- und Ausrückung. Oft wären nach der Tastensperrung noch 1 oder 2 Zeichen anzuschlagen; zu diesem Zwecke kann die Zeilensperre ausgelöst werden. Es sind dann noch einige Anschläge möglich, worauf neuerdings die Sperre eintritt, oder der Wagen läuft, bis er durch einen zweiten Kloben bzw. den Rahmenbau behindert wird. Die Vor- richtung besteht bei unserer Maschine aus einer **Zwillingstaste** (an der Vorderwand links) und dem **Sperrungs-Auslösehebel** (1082).

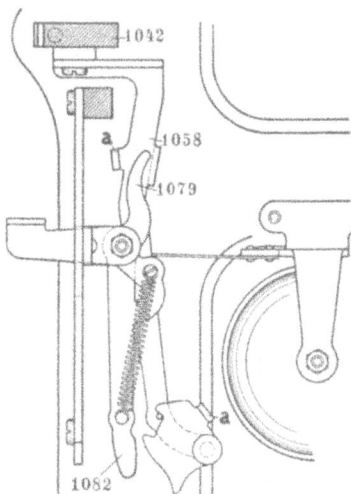

Abb. 43. Randauslösung.

Vorgang. Ein Druck auf die rechte, bequemer auf beide Tasten läßt den Auslösehebel gegen die Sperrklinke schlagen, wodurch diese nach oben be- wegt wird und den Sperrahmen freigibt; es kann wieder ge- schrieben werden. Beim Nieder- gang der linken Taste übt der Auslösehebel und besonders des- sen Horn (1079) auf den Sper-. rungs-Antriebshebel einen star- ken Druck aus, durch dessen Auswirkung sich die Zahnstange dreht und sich innen senkt. Der Anschlag am rechten Randsteller kommt etwas tiefer zu liegen, und der Wagen kann darüber hinausgezogen werden. Das er- möglicht die Ausrückung, d. h. das Schreiben auf dem linken Rand, ohne daß der Randsteller verschoben werden muß. Die Benutzung der rechten Taste dreht die Zahnstange auch, diese hebt sich dabei innen. Wird gleichzeitig der Wagen nach rechts gerückt, so sperrt die linke Kante des rechten Klobens 9 An- schläge vor dem linken Rand den Wagen. (Einrückung.) Auf die Weise erhält man gleichmäßige Einrückungsabstände.

> **Merke:** Spanne die Feder des Wagenzugs nicht zu stark!
> Wenn der Wagen schlecht zieht, kann die Schuld auch in andern Teilen liegen.
> Überlege vor Beginn der Arbeit, mit welchem Zeilenabstand das Schriftstück abgefaßt werden soll!
> Stelle zuerst durch Verschieben der Randsteller die Länge der Schriftzeile fest!
> Achte auf das Glockenzeichen und schließe die Zeile rechtzeitig ab!
> Führe den Wagen für gewöhnlich mit dem Zeilenschalthebel ganz nach rechts und schalte dabei die neue Zeile ein!

Wirf dabei den Wagen nicht gewalttätig nach rechts!

Nach Eintritt der Tastensperre ist ein Schlagen auf die Tasten zwecklos, ja schädlich; benutze den Sperrungs-Auslösehebel!

Gebrauche die Ein- und Ausrückungsmöglichkeiten!

Benutze den Wagenauslösehebel mit entsprechendem Gegendruck!

d) Schreibwalzen-Schaltung.

Notwendigkeit: Bei den Volltastaturmaschinen finden wir für jedes Zeichen eine Type und auch eine Taste. Maschinen mit Halbtastatur tragen auf jedem Typenhebel zwei Zeichen.

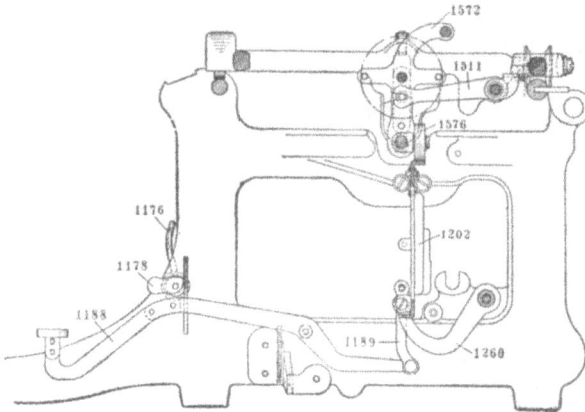

Abb. 44. Walzen-Schaltung.

Beim gewöhnlichen Anschlag erscheint nur der kleine Buchstabe oder das untere von den angegebenen Zeichen als Abdruck. Soll der große Buchstabe oder das andere Zeichen geschrieben werden, so muß entweder in der Lage des Typenhebels oder in der Stellung der Walze eine Veränderung vorgenommen werden. Die Betrachtung der Type bzw. der Lage der Zeichen zueinander überzeugt leicht von der Notwendigkeit derselben. Bei den meisten Maschinen verschiebt sich die Walze, einzelne heben auch das Segment (Monarch). Aus einem Stadium früherer Entwicklung hat Ideal A noch Wagen- und Segmentschaltung. Bei Maschinen mit unsichtbarer Schrift geht bei der Umschaltung die Walze wagerecht vor und zurück.

Es gibt daher drei Arten von Umschaltungen: die
Walzen-, die Segment- und die Wagen- und Segmentumschaltung.

Einzelne Maschinen, wie Adler und besonders die Reisemaschinen, tragen drei Zeichen an einer Type; das verlangt
eine doppelte Umschaltung und zwar geschieht dieselbe
meist durch Senkung des Wagens.

Bau. Links und rechts der Tastatur führen **Tastenhebel**
(1188) in den mittleren Teil der Maschine. Sie sind zweiarmig;
der kürzere Arm ist durch eine **Hubstange** (1189) mit dem
Umschaltrahmen (1202) verbunden. Auf diesem sitzt mittels
einer **Rolle** (1576) die Walze auf. Sie ist in zwei **Schwingarmen**
(1511) beweglich. Von hinten greift unten die Parallelführung (1260) an den Umschaltrahmen. Sie sichert die senkrechte Bewegung des Umschaltrahmens; oben führen ihn
Rollenpaare. Am linken Ende der oberen Tastenreihe ist der
Umschalt-Feststellungsnocken (1178) zu sehen, der durch den
Griff an der Außenwand zu bewegen ist.

Vorgang. Ein Druck auf den Tastenkopf hebt den hinteren Hebelarm; die Hubstange überträgt diese Bewegung auf
den Umschaltrahmen, wobei die Parallelführung lenkend mithilft. Die Aufwärtsbewegung findet ihren Abschluß in der
Walze, die in Schwingarmen leicht auf und nieder geht. In
einem Ausschnitt des Wagenrahmens (Abb. 28) begrenzen Gleitbacken ihre Hebung und Senkung. Die eigene Schwere der
einzelnen Teile und die Schwingrahmen-Torsionsfeder stellen
die ursprüngliche Lage wieder her.

Zum Schreiben von nur großen Buchstaben ist die Umschaltung festzustellen. Zieht man den vordersten Griff
an der linken Außenwand nach vorn, so hält der Feststellnocken den Umschalthebel in der Tieflage.

Bei Ideal C kommt die Dauerumschaltung durch Festklemmen des Tastenkopfes mittels eines ziehenden Druckes
zustande; ein nach innen schiebender Druck macht ihn wieder
frei. Bei Remington 10 und Mercedes liegt hinter bzw. vor der
Umschalttaste eine kleinere Feststelltaste. Ein Druck auf diese
bewirkt die Dauerumschaltung, während die Benutzung der

Umschalttaste die Auslösung hervorruft. An Underwood ergibt
der Gebrauch der rechten Umschalttaste Feststellung, die
mittels der linken oder des kleinen Hebelknopfes über der
rechten wieder aufgehoben wird. Soll die rechte Taste keine
Dauerumschaltung hervorrufen, muß der kleine Hebelknopf
nach oben gedrückt werden.

      **Merke: Die Umschalttaste muß so lange niedergedrückt werden,
bis das Zeichen angeschlagen ist.**

      **Vergiß nicht nach einem mit Umschalt-Feststellung geschriebenen
Worte die Feststellung aufzuheben, ehe das Satzzeichen angeschlagen
wird!**

e) Das Einfärbewerk.

    Das Einfärbewerk ist ein ziemlich komplizierter Me-
chanismus; es muß das Farbband gelagert, geführt, beim Anschlag gehoben, sowohl links als rechts bewegt und dann um-
geschaltet werden. Außerdem haben die meisten Maschinen
noch besondere Einrichtungen zum Schreiben mit zwei Farben
und zur Farbbandhebung beim Gebrauch der Tottaste.

    Zur Einfärbung benutzen fast alle Maschinen das Farb-
band, nur einzelne, wie Jost, das Farbkissen oder die Farb-
röllchen.

    1. Das Farbband. Als Farbband dient ein mit Anilinfarbe
getränkter Streifen aus gutem Baumwollgewebe, das die größte
Saugfähigkeit für die Farbe besitzt. Es muß den Anschlag der
Typen mit den scharf geschnittenen Zeichen aushalten, bedarf
also einer gewissen Festigkeit und Dauerhaftigkeit. Ein Auf-
fransen der Ränder schädigt die Maschine. Die Farbe soll
klare, scharf begrenzte Abdrücke ergeben. Wenn man das
Farbband gelegentlich umdreht, indem man die beiden Spulen
vertauscht und so die untere Hälfte des Bandes nach oben
kommt, erhöht sich die Verwendungsdauer desselben ganz
wesentlich. Vorrätige Farbbänder sind kühl, am besten in
großen Blechbüchsen aufzubewahren. In der Farbe können sie
verschieden sein; auch bekommt man Bänder, die den mannig-
faltigen Vervielfältigungsverfahren entsprechen.

    Eine üble Sache ist die B r e i t e d e r F a r b b ä n d e r; denn es
weichen hierin nicht nur die einzelnen Marken von Schreib-

maschinen, sondern sogar dieselben Systeme voneinander ab. Es finden Breiten von 6¼ bis 38 mm Verwendung. Da könnte eine Normalisierung großen Nutzen stiften. Vorläufig muß aber jeder Schreiber genau wissen, welches Farbband seine Maschine verlangt. Ein unpassendes schädigt dieselbe. Auch die Länge ist zu beachten, da bei ungeeigneter Länge die Umschaltung nicht arbeiten kann. Durch das Schreiben dehnen sich einzelne Bänder oder rauhen sich auf; das macht auch eine Verkürzung derselben notwendig.

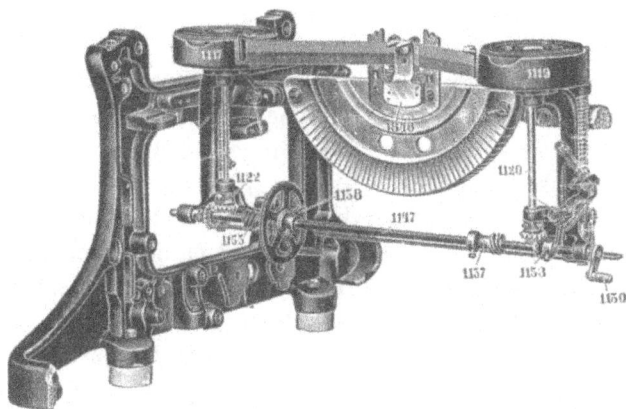

Abb. 45. Einfärbewerk (von vorne).

2. Die Lagerung. Das Farbband ist an einer **Spule** aufgewickelt und läuft durch den **Farbbandträger** (1850) zu einer andern Spule. Der Verlauf desselben sowie die Art der Befestigung ist genau zu beachten und zu merken; davon hängt der richtige Gang der Maschine und der Farbbandumschaltung ab.

Die Spule liegt in der **Spulenschale** (1117/19). Aus dieser ragt in der Mitte die Spulenachse oder der Mitnehmer empor, über den die Spule gesteckt wird. Mit Riefen greift sie in Rillen desselben, wodurch die Übertragung der Bewegung erfolgt. Bei der Continental verläßt das Farbband durch einen **Führungsschlitz** die Spulenschale. Der Farbbandträger hat jetzt eigene Ausladungen, welche mit Haken das Band halten und führen.

3. Die Bewegungsvorrichtung. Das Farbband bedarf einer
Bewegung. Die Vorrichtung hierzu setzt sich zusammen aus
der Achse des **Mitnehmers** (1120), die am unteren Ende ein
konisches Rad (1122) trägt; sie steht in Verbindung mit
einem konischen Rad (1153) an einer wagerechten Welle, der
Farbband-Umschaltachse (1147), die vom **Steuerrad** (1158) gedreht wird. Zu diesem Zweck kommt von der Schaltbrücke
die Steuerstange, welche mit der Steuerklinke in die
Zähne des Rades eingreift. Außerdem ruhen auf der Welle
noch zwei **Schnecken** (1155/57).

Wirkungsweise. Die Bewegung der Schaltbrücke nach
hinten wird durch die Steuerstange auf das Steuerrad über-
geleitet, die Klinke (einem gebogenen Finger vergleichbar)
zieht dasselbe um Zahnesbreite nach hinten; eine Gegenklinke
sichert diese Drehung. Mit dem Steuerrad dreht sich auch die
Umschaltachse und ein konisches Rad treibt diejenige Mitnehmerachse, die gerade verbunden ist, und damit das Farbband an der Spule. Durch eine Kurbel (1150) kann der Farbbandtransport auch mit der Hand in Bewegung gesetzt werden.

Bei anderen Maschinen, wie Remington, Mercedes, geht die
Antriebskraft zur Farbbandbewegung vom Hauptfedergehäuse
aus; es verläuft dann die Umschaltachse ganz im hinteren Teil
der Maschinen.

4. Umschaltung. Wenn das Farbband von einer Spule
abgelaufen ist, muß die Bewegungsrichtung geändert werden.
Das geschieht, indem die Umschaltachse nach links oder rechts
verschoben wird. Dadurch greift das konische Rad der Achse
in das Rad der Mitnehmerachse der leeren Spule, so daß sich
nun das Farbband auf dieser aufwickelt.

Diese Umschaltung muß entweder mit der Hand vorgenommen werden oder sie vollzieht sich selbsttätig. Man unterscheidet daher **Handumschaltung und Selbstumschaltung.** Für
letztere ist eine besondere Einrichtung notwendig. Bei Continental gehören dazu der **Fühlhebel** (1133), der **Einfallhebel**
(1139/44) und die **Schnecke** (1157).

Vorgang. Eine Feder preßt den Flügel des Fühlhebels
an das Farbband in der Spule und derselbe folgt diesem, ob

es zu- oder abnimmt. Die gleiche Bewegung macht unten der Einfallhebel mit. Bei der leeren Spule kommt er an die Schnecke, wodurch er bei weiterer Drehung der Welle auf diese einen seitlichen Druck ausübt und sie verschiebt.

Ziemlich offen liegt der Vorgang bei Remington 10 zutage. Wenn das Farbband ganz abgelaufen ist, fällt an der Spule ein Klötzchen durch seine eigene Schwere aus und veranlaßt mittels eines Stellstiftes die Umschaltung. Bei Under-

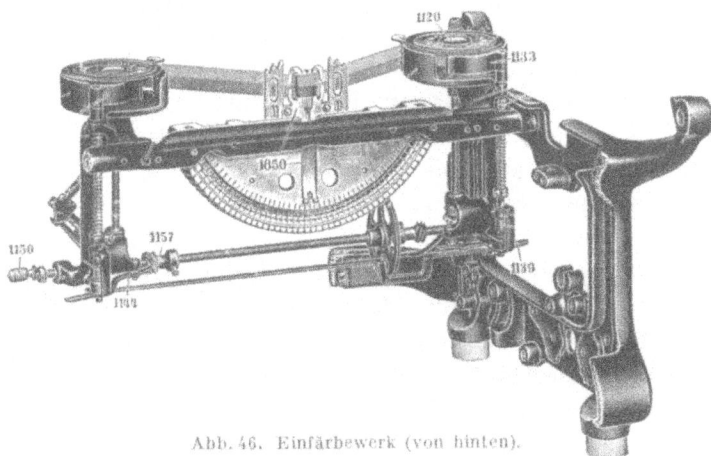

Abb. 46. Einfärbewerk (von hinten).

wood wird der Fühlhebel durch eine Öse oder Klammer im Farbband nach innen gezogen und dadurch das Band umgestellt. Diese Klammer darf nicht fehlen.

Zur Beachtung. Die neuen Farbbänder sind meist schon an sog. Behelfsspulen aufgewickelt. Diese können bei vielen Maschinen eingesetzt werden, bis sie abgelaufen sind; aber dann sollten sie unbedingt gegen die **Originalspulen** ausgetauscht werden. Diese sind genauer gearbeitet und fördern die Farbbandbewegung, während die andern dieselbe vielfach stören und behindern. Mehrere Maschinen, wie Monarch, Remington, Urania usw., arbeiten nur mit den Originalspulen; das neue Farbband muß hier sofort auf die leere Spule (am besten auf die linke) mit dem Triebwerk aufgerollt werden. Dann nimmt man erst die andere Spule mit dem alten Farbband ab und befestigt nach Entfernung desselben an ihr das neue. Bei diesen Maschinen sind auch die Spulen mit links und rechts bezeichnet; ein Vertauschen derselben erschwert den Farbbandtransport oder macht ihn direkt unmöglich.

5. Die Farbbandhebung. a) Gewöhnliche Hebung. Bei jedem Anschlag der Taste wird das Farbband zum Druckpunkt emporgehoben und sinkt dann infolge eigener Schwere und Federkraft wieder zurück. Der Farbbandträger (1850) ist zu diesem Zweck in einer Führung (1846) leicht beweglich; nach unten verlängert er sich zu einer Führungsnipel, die in das Typenhebellager etwas eingelassen ist, wodurch die gerade Bewegung gesichert wird. Der Antrieb zur Hebung geht auch hier von der Schaltbrücke aus. Eine Hebelverbindung (zweiarmiger Hebel) verwandelt die Bewegung nach hinten in eine Bewegung nach vorn, die dann der Farbbandheber (1243) auf den Farbbandträger überführt, indem er ihn nach oben schiebt, nach dem Anschlag denselben aber wieder in die Ausgangsstellung zurückfallen läßt. Durch diese Einrichtung bleibt das Geschriebene dauernd sichtbar.

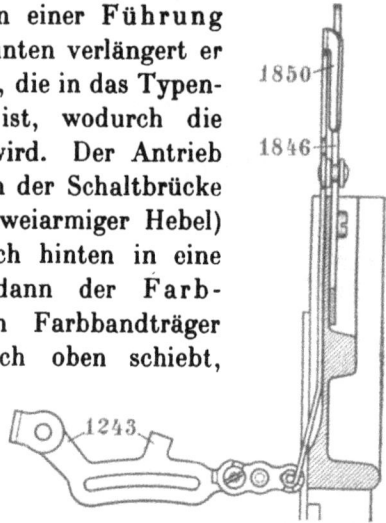

Abb. 47. Farbbandheber.

b) Stärkere Hebung, Zweifarben-Vorrichtung. Zur Hervorhebung von einzelnen Ausdrücken oder bei Buchungen verwendet man oft eine andere Farbe. Für diesen Zweck gibt es doppelfarbige Bänder, von denen die obere Hälfte schwarz oder blau und die untere rot ist. Die Benutzung eines solchen Bandes macht bei der Maschine besondere Einrichtungen notwendig. Tasten, teilweise durch ihre rote Färbung hervortretend, Schaukelhebel und drehbare Knöpfe an der Vorderwand der Maschine dienen zum Gebrauch derselben. Continental hat neben der Zwischenraumtaste eine kleine schwarze Taste für die Zweifarbenvorrichtung. Von ihr führt ein zweiarmiger Hebel nach hinten zu einer Welle, an der (rechts gut sichtbar) das Farbband-Wechselkreuz sitzt. Die Welle steht mit der Farbband-Hubstange in Verbindung.

Vorgang. In den Farbbandheber (1243) greift die Farbband-Hubstange mit einer Führungsnippel ein. Bei der gewöhnlichen Hebung liegt die Nippel in der Führungsöffnung, ganz vorn, nahe dem Farbbandträger. Wird nun durch den Antriebs-Winkelhebel dieselbe nach hinten verschoben, so verlängert sich der bewegte Hebelarm, sein Ausschlag wird größer, die Hebung wird vermehrt; das Farbband geht bei jedem Tastenanschlag höher. Ausgelöst wird dieser Vorgang durch einen Druck auf die Zweifarbentaste; der Tasthebel zieht das Wechselkreuz nach vorn und dreht damit die Welle, welche diese Bewegung auf die Farbband-Hebevorrichtung überleitet. Mit dem Niedergang der Taste zeigt eine Signalstange an der Vorderwand der Maschine die Umstellung an. Ein zweiter Druck auf die Taste führt alle Teile wieder in die Normallage zurück.

c) Ausschaltung der Farbbandhebung. Die Anfertigung von Wachsmatrizen oder die Herstellung von vielen Durchschlägen verlangt die vollständige Ausschaltung des Farbbandes. Continental hat dazu an der linken Außenwand hinten einen Knebel, bei dessen Hochstellung der Farbbandträger nicht mehr auf und nieder geht. Die Nippel im Farbbandheber befindet sich dabei in der Mitte und verursacht nicht die geringste Bewegung desselben. Das kommt daher, daß die Farbband-Hubstange in dem wagerechten Schlitz, in dem sich auch eine Nippel verschiebt, nach oben einen Ausschnitt hat, in den die Nippel des Antriebswinkelhebels vorstößt, ohne eine Hebewirkung ausüben zu können. Es reicht also die Bewegung der Schaltbrücke in der Farbbandhebung nur bis zum Antriebswinkelhebel; der Farbbandträger und damit das Farbband bleiben unberührt.

6. Der Farbbandwechsel. Man merke sich zuerst genau, wie das Farbband in dem Farbbandträger sitzt und von da zu den Spulen verläuft. Dann kurble man es vollständig nach einer Seite und nehme es aus den Führungsschlitzen und aus

dem Farbbandträger. Die Spulen können jetzt mit einem
Druck auf den Fühlhebel (1144), der am unteren Ende der
Fühlhebelachse leicht möglich ist, herausgenommen werden.
Aus der leeren Spule zieht man das Farbband weg und löst
die Zwinge ab; an dessen Stelle macht man das eine Ende des
neuen Bandes fest, indem es mit der Zwinge eingeklemmt
wird. Beim Einsetzen der Spule in die Schalen beachte man
erst die Wickelrichtung des Bandes und die Drehung des Mitnehmers, drücke dann den Fühlhebel ab und setze die Riefe

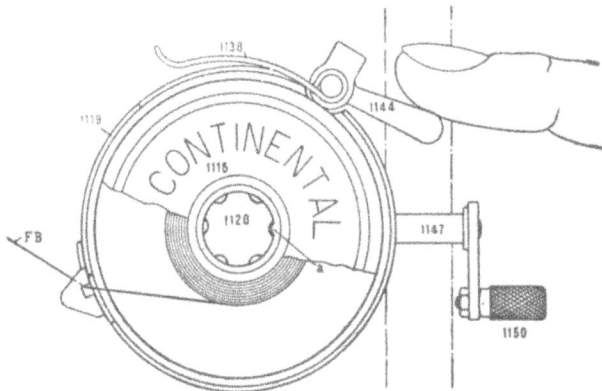

Abb. 48. Spule mit Fühlhebel (1133).

der Spule in eine Rille des Mitnehmers. Nach dem Loslassen
des Fühlhebels legt sich dieser mit federndem Druck an das
Farbband und bewirkt ein gleichmäßiges Ablaufen desselben.
Das Band muß die Schale durch den Führungsschlitz verlassen.
Beachte auch die Ausführungen über Originalspulen!

Das Einziehen des Bandes in den Farbbandträger
wird durch Hochhebung des Wagens mittels der Umschalt-
feststellung erleichtert. Man fasse es mit beiden Händen, lege
es von hinten um den Träger und ziehe es durch die Schlitze,
beginnend mit der oberen Kante, in die C-förmigen Arme desselben. Die inneren Stege bleiben sichtbar.

Eine besondere Eigenart zeigt hierin Mercedes, indem das
Farbband von der Vorderseite der Gabel nach hinten eingezogen wird.

Merke: Verwende nur gute Farbbänder von entsprechender Breite!
Prüfe zu Beginn der Arbeit den richtigen Verlauf des Farbbandes! Kurble mit Maß und Ziel!
Beachte öfter den Umschaltungsvorgang, ob er richtig funktioniert!
Achte bei Handumschaltung auf den Ablauf des Bandes!
Schlage bei Unterstreichungen, besonders beim zusammenhängenden Strich, nicht zu fest an! Solche Typen schneiden leicht die Schußfäden des Bandes ab.
Schalte nicht auf längere Dauer die Zweifarben-Vorrichtung ein!
Drehe gelegentlich das Farbband um!
Ziehe beschriebene Bogen nicht rückwärts aus der Walze! Es können die Papiertransportwalzen mit Farbe beschmutzt werden.
Radiere nicht über dem Farbbandträger!

Linienziehen. Wagrechte Linien können wohl mit den einzelnen Typen hergestellt werden; aber rascher geht das, wenn in die Einschnitte der Farbband-Trägerführung ein Bleistift oder eine entsprechende Feder eingesetzt wird. Nach Ausschaltung der Walzenbremse lassen sich durch Drehen am Handrad auch senkrechte Striche ziehen.

f) Der Kolonnensteller und der Tabulator.

Die Anfertigung tabellarischer Arbeiten wird durch den Kolonnensteller bzw. den Tabulator wesentlich erleichtert. Das langwierige Suchen der Druckstelle mittels des Wagenauslösehebels, der Zwischenraumtaste und der Rücklauftaste fällt weg. Die meisten Maschinen sind daher wenigstens mit einem Kolonnensteller ausgerüstet, während Dezimaltabulatoren eigens bestellt werden müssen und die Maschine etwas verteuern.

Wesen. Wie die Randsteller den linken und rechten Rand des Schriftsatzes begrenzen, machen es diese Einrichtungen möglich, im Verlauf der Schriftzeile einzelne Stellen genau festzulegen und dieselben durch einen Druck auf eine besondere Taste leicht aufzusuchen. Der Tabulator berücksichtigt dabei sogar die einzelnen Stellenwerte der Zahlen.

Teile. Als besonders wirksame Teile sind zu nennen: die **Kolonnentaste** rechts an der Vorderwand, die Verbindungs-

und die Schaltachse (1690), der Einrückhebel (1695) mit Zugstange (1693), der **Kolonnensteller-Anschlag** (1698) mit Gehäuse (1699), die Kolonnenstange oder **Reiterbahn** (1718), ein
Deckel dazu und die **Reiter** (1717); außerdem die Schaltzahn-
Auslöseachse (unter 1692) und die **Schaltzahn-Auslösebrücke**
für Kolonnensteller und Tabulator (1906). Diese ist von hinten
gut zu sehen und liegt im unteren Teil des Schaltkörpers neben
der Auslösebrücke für die Wagenauslösung.

Bewegungsvorgang. Ein Druck auf die Kolonnentaste
dreht die Schaltachse und damit die Auslöseachse; die Schalt-

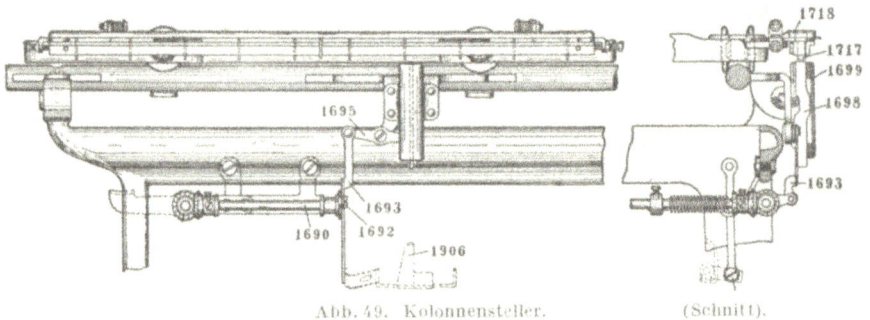

Abb. 49. Kolonnensteller.   (Schnitt).

zahn-Auslösebrücke macht das Schaltrad frei, indem der
Schaltkörper nach vorn geschoben wird, der Wagen kann dem
Zug der Hauptfeder folgen. Zur Regulierung dieser Bewegung
hat jeder Kolonnensteller und Tabulator e i n e Bremsvorrichtung, deren Wirkung durch e i n e n verstärkten Druck auf
die Taste erhöht wird. (1855 Abb. 39). Gleichzeitig mit der Verschiebung des Schaltkörpers erhebt sich aus dem Gehäuse der
Kolonnenanschlag und hemmt durch den Reiter den Wagen.
Die Kolonnentaste darf nicht wie eine Zeichentaste kurz gestoßen werden; sie verlangt einen gleichmäßigen Druck, bis
der Wagen beim Reiter hält. Die Bremsvorrichtung muß bei
der gründlichen Durcharbeitung und Reinigung der Maschine
auch nachgesehen werden, da sie sich auch abnutzt.

Anwendung. Zur richtigen Verteilung der Reiter hat
die Reiterbahn e i n e S k a l a, die in ihrer Einteilung mit der
Papierandruckschiene und der Randstellskala genau überein-

stimmt. Soll nun der Wagen an einer bestimmten Stelle angehalten werden, so liest man den entsprechenden Teilstrich
an der Papierandruckschiene ab und steckt den Reiter bei der
gleichen Zahl in die Reiterbahn. Die Benutzung der Kolonnentaste bringt den Wagen genau an den gewünschten Punkt.
Mit Hilfe der Rücklauftaste oder der Zwischenraumtaste sind
noch kleine Korrekturen möglich, z. B. beim Schreiben von
Zahlenkolonnen.

Der Dezimaltabulator unterscheidet sich vom Kolonnensteller nur dadurch, daß an Stelle eines Kolonnenanschlags
deren mehrere, meist 10, vorhanden sind, die immer eine Buchstabenbreite voneinander ab-
liegen. So können bei Zahlenkolonnen sofort die verschiedenen Dezimalstellen erreicht
werden, und die Korrektur
durch Zwischenraum- oder
Rücklauftaste ist nicht nötig.
Der Reiter wird für die Kommataste eingestellt. Ist nun eine
Zahl zu schreiben, die mit
Tausendern beginnt, so drückt

Abb. 50. Dezimaltabulator.

man auf die Tausendertaste, also auf die 4. Taste rechts
von der Kommataste, und der Wagen wird genau 4 Anschläge rechts vor dem Reiter angehalten und hat so den
nötigen Raum für die gewünschte Zahl frei. Continental ist
mit 4 Reiterbahnen ausgestattet. Auf jeder derselben läßt
sich eine andere Arbeit (Rechnung, Brief, Frachtbrief, Konto-
korrent) einstellen, so daß auf der Maschine vier verschiedene
Formulare beschrieben werden können, ohne daß eine Ände-
rung in der Reiterbahn notwendig ist. Der Einstellknopf rechts
an der Vorderwand regelt das Eingreifen des Tabulators durch
Verschiebung der Kolonnen-Anschlagstangen derart, daß je
nach der Stellung des Knopfes auf 1, 2, 3 oder 4 die betreffende
Reiterbahn zur Benutzung steht.

Bei Ideal C ist der Kolonnensteller vorn unter der Zeilen-
längeneinrichtung eingebaut, die Taste befindet sich links

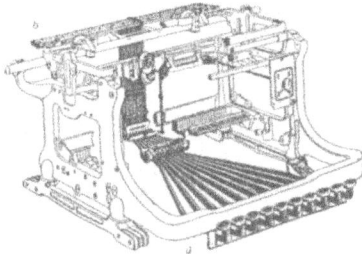

innerhalb des Tastaturfeldes. Remington 10 besitzt einen
Sprungtabulator. Derselbe ermöglicht das Überspringen
einzelner Kolonnen, wenn man die notwendige Taste über der
allgemeinen Tastatur niederdrückt. Die Reiter finden am
Fünferzahnrad den erforderlichen Widerstand. Außerdem ist
die Reiterstange drehbar, so daß auf derselben auch mehrere
Arbeiten eingestellt werden können.

Wert. Der Dezimaltabulator erleichtert das Schreiben
von Zahlenkolonnen ganz bedeutend, was die vorhergegangenen
Ausführungen genügend geklärt haben dürften.

**Merke: Man lasse sich die kurze Arbeit der Kolonneneinstellung
nicht verdrießen; sie macht sich bezahlt.**
**. Man drücke die Kolonnentaste, bis der Wagen beim Kolonnen-
anschlag hält.**

Die Fakturiereinrichtung (Billinghebel).

Immer mehr war man bestrebt, die Schreibmaschine in
allen Zweigen des kaufmännischen Bureaudienstes zu verwenden.
Ihrer Benutzung in der Buchhaltung stand anfangs die allgemein übliche Gepflogenheit entgegen, die Aufzeichnungen
nur in gebundene Bücher zu machen. Allmählich gewann die
Anwendung des Lose-Blatt-Systems an Boden; das Vorurteil fiel, und damit begann die Schreibmaschine ihre Verwendungsmöglichkeit bedeutend zu erweitern. Das Durch-
schreibverfahren, wozu sie ganz besonders geeignet ist, gestattet ja in einem Arbeitsgange die verschiedensten Buchungen
und Aufschreibungen, es fällt das zeitraubende Übertragen
fort, eine wesentliche Fehlerquelle scheidet damit aus, und die
Kontrolle kann ziemlich beschränkt werden. Dem Verfahren
haftete aber noch der Mangel an, daß im Grundbuchblatt die
Einträge nicht fortlaufend erfolgen konnten. Die Schreibmaschine genügte hier den besonderen Anforderungen erst
dann, wenn das Grundbuchblatt im Wagen bleiben, die alte
Rechnung für sich herausgenommen und eine neue so eingezogen werden kann, daß die erste Schreibzeile derselben dicht
unter die letzte des vorhergegangenen Eintrages kommt. Das

erreichten die Amerikaner durch den Einbau der sog. Billingeinrichtung, die ihren Namen von dem englischen Wort
„bill“ = Rechnung erhielt.

Abb. 51. Maschine mit Billingeinrichtung.

Bestandteile. Bei der Continental besteht diese Vorrichtung aus einem Zeiger, dem Zeilenzähler, dem Kupplungsgehäuse mit einer Griffplatte und dem Feststell-

Abb. 52. Fakturiereinrichtung.

nocken. Zur richtigen Einführung verschiedener Formularien
hat die Maschine eigens 1 Paar Buchblatthalter, die noch
einen besonderen Druck durch Gummirollen ausüben. Außer-

dem sitzt an dem runden Falz des Papierauflagebleches noch
ein Anlegelineal. Der Zeilenzähler ist eine kreisförmige, teilweise gezahnte Platte, die in ihrem Umfange Zahlen von 18
bis 32 trägt. Sie kann für sich mit dem anliegenden Kupplungsgehäuse gedreht werden. Die vorstehende Griffplatte bewirkt
bei einem Druck die Ausschaltung des Anschlages. Der Fest-
stellknochen steckt federnd in der Achse des Papierauslöse-
hebels; er kann nach links herausgezogen und nach oben gedreht werden, wo dann seine Stifte in die Zähne des Zeilenzählers eingreifen. Es sind deren drei, damit bei der Öffnung
der Papierführung, wobei der Feststellnocken die Drehung mit-
macht, der Zeilenzähler noch gesperrt bleibt. Der 4. Stift steht
etwas weiter ab. Dieser kommt auf einen Zahn zu liegen und
dient dadurch für die Ruhestellung der Papierauslöseachse als
Begrenzungsanschlag. Die verschiedenen Größen der zu beschrei-
benden Blätter bedingen die erwähnten Anlegevorrichtungen.

Wirkungsweise. Eine Hauptaufgabe der ganzen Einrichtung besteht in der genauen Festlegung der Ausmaße des
Kopfes an der Rechnung. Dieser muß vom oberen Rande
gemessen mindestens 35 mm breit sein, soll aber in seiner
Ausdehnung nicht über 80 mm hinausgehen; denn nur für
solche Abstände ist der Zeilenzähler eingerichtet. Durch diesen
wird es möglich, die Breite des Kopfes in den Drehungen der
Walze zu fixieren.

Die Handhabung gestaltet sich folgendermaßen: Das
Rechnungsblatt zieht man in die Walze ein, bis die Datums-
zeile auf dem Zeilenhöhezeiger
aufsitzt. Nun beginnt die Einstellung der Fakturiereinrichtung. Der Zeilenzähler, also
das Rad für sich ohne Walze,
wird gedreht, bis die Zahl
Null auf dem Kupplungs-
gehäuse dem Zeiger gegen-
überliegt. Damit ist der eine

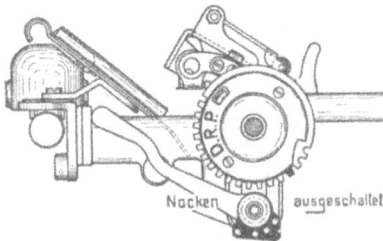

Abb. 53. Fakturiereinrichtung.

Punkt für die Breite des Kopfes gewonnen. Darauf dreht
man die Walze zurück und schaltet dabei zur Schonung

des Zeilenschaltrades den Walzenfreilauf ein, faßt das Blatt mit der linken Hand, zieht leicht daran und wie der Papiertransport dasselbe freigibt, hört man das Drehen auf. Das Zeilenzählrad hat diese Bewegung mitgemacht. Der 2. Punkt der Ausdehnung des Kopfes ist auch gegeben. Den fixiert man durch den Feststellnocken. Derselbe wird nach links gezogen und nach oben gewendet; beim Loslassen schnappen dessen Stifte in die Zähne des Zeilenzählers ein. Zwei Merkmale begrenzen nun den Kopf der Rechnung:

1. die Zahl Null, auf welche Stelle die Kupplung wirkt,
2. die neue Zahl (z. B. 22), auf die der Zeiger beim Abnehmen des Bogens weist.

Selbstverständlich darf beim Einschieben des Feststellnockens der Zeilenzähler nicht verschoben werden. Außerdem ist der Walzenfreilauf wieder auszuschalten.

Das Zeilenzählrad ist nun durch den Nocken festgehalten. Es bewegt sich beim Zurückdrehen der Walze nur mehr das Kupplungsgehäuse, das im 1. Punkt den Anschlag findet. Beim Vordrehen hält die darauf markierte Null gegenüber dem Zeiger. Der Kopf dieser Rechnung und aller, die ihm an Ausdehnung gleichen, ist nun in der Walze genau abgesteckt. Anfangs ist der Papierauslöser gesperrt, erst wenn das Blatt voll eingezogen und teilweise beschrieben ist, besteht für ihn keine Hemmung mehr.

Auswertung. Die Schreibmaschine für das Rechnungswesen schreibt gleichzeitig

a) die Rechnung,
b) einen Durchschlag als Rechnungskopie,
c) das Buchblatt für das Rechnungsausgangsbuch.

Die Anfertigung mehrerer Durchschläge für besondere Zwecke wie Lager, Vertreter usw. kann dabei ungehindert vorgenommen werden. Natürlich müssen die Formularien in der Lineatur vollkommen übereinstimmen, so daß sich die einzelnen Spalten beim Aufeinanderliegen der Blätter decken. Leitstriche helfen bei der Einordnung.

Der Vorgang verläuft wie folgt: Die eingestellte Walze ist bis zum Anschlag zurückgedreht. Rechnungsformular, Kohlepapier und Grundbuchblatt werden eingespannt; dabei wolle darauf geachtet werden, daß die Leitstriche sich decken, die Ränder gleichliegen und die Papierlage an das linke Anlegelineal anstößt. Ist das Rechnungsformular schmäler, benutzt man das zweite Anlagelineal am Papierauflageblech. Am besten geht das Grundbuchblatt allein unter den Buchblatthaltern durch, während die andern Blätter von der Papierandruckschiene gehalten werden. Nachdem die Rechnung ausgeschrieben ist, öffnet man die Papierauslösung und zieht die Rechnung mit dem Kohlepapier nach vorn aus der Maschine, wobei die linke Hand leicht das Buchblatt gegen die Walze drückt. Die Papierauslösung wird wieder geschlossen, die Walze mit dem Buchblatt bis zum Anschlag zurückgedreht, wodurch sich dasselbe um die Ausmaße des Rechnungskopfes nach hinten bewegt. Würde bei offener Papierführung eine Rückwärtsdrehung vorgenommen, so ergäben sich Einstellungsdifferenzen. Zur Sicherung dagegen ist die Einrichtung derart gebaut, daß die Papierführung event. selbsttätig sich schließt. Die zweite zu beschreibende Rechnung mit Kohlepapier wird unter dem Buchblatt über das Papierauflageblech geschoben und die ganze Papierlage bis zur ersten Zeile der Rechnung in die Maschine geführt. Das Durchschreiben kann neuerdings beginnen.

In Amerika unterscheidet man dreierlei Arten von Anwendungen der Billingeinrichtung: das Bestell-, das Buchhaltungs- und das Fakturierbilling, je nachdem was für Schriftstücke in der Hauptsache gefertigt werden sollen.

Merke: Wenn man das Schreiben beendet, sollen alle Teile in ihre Grundstellung gebracht werden.

Die rechnende Schreibmaschine.

In der Korrespondenzabteilung erschien die Schreibmaschine zuerst. Allmählich fand sie Eingang in alle Bureaus, nachdem sie immer mehr vervollkommnet und allen Anforderungen in der Hauptsache gerecht wurde. Einen hohen Grad der Entwicklung erreichte ohne Zweifel die rechnende Schreibmaschine. Sie ist wohl aus dem Bedürfnis entstanden, die Maschine in der Buchhaltung mit Erfolg zu verwenden. Diese verlangt neben verhältnismäßig wenig gewöhnlicher Schreibarbeit viel Rechenoperationen, die sich auf Addition und Subtraktion beschränken. Es gab daher für den Konstrukteur die Aufgabe zu lösen, wie man den Schreibmechanismus der Maschine mit einem Rechenapparat möglichst günstig und sicher wirkend verbindet. Hier gelang es wiederum den Amerikanern, dieses Problem ziemlich einwandfrei zu verwirklichen. In Deutschland begegnet man ernsten Bestrebungen, auch hier führend mitzuarbeiten; aber ein voller Erfolg war noch nicht beschieden. Vorläufig bauen zwei Firmen rechnende Schreibmaschinen: Clemens Müller, A.-G., Dresden, und Mercedes.

In der Hauptsache werben zurzeit zwei Typen von rechnenden Schreibmaschinen um den Weltmarkt. Remington, Elliot-Fisher, Monarch, Smith Premier und die deutsche Urania-Vega arbeiten mit den angehängten Zählwerken, während Underwood seine Schreibmaschine mit einer eigentlichen Rechenmaschine kombiniert, indem diese den Unterbau für erstere bildet. Ihr ähnelt die Moon-Hopkins-Maschine, die auch Multiplikationen ausführt.

Die Remington-Buchhaltungsmaschine (Bookkeeping) gleicht in ihrem Äußern einer gewöhnlichen Schreibmaschine, nur der

Wagen ladet weiter aus, wie man dieses auch bei den Billing-
maschinen antrifft. Derselbe trägt unter der Zeilenlängen-
einrichtung zwei gezahnte Schienen, in welche die Zählwerke eingehängt werden. Rechts seitwärts befindet sich
etwas tiefer liegend das Haupt- oder Kontrollzählwerk.
Diese Teile machen die Bewegungen des Wagens mit. Die
Zifferntasten stehen durch Stangen mit einer Welle in Verbindung, die unter den Zählwerken entlang läuft und an der
besondere Ansätze (Gänsehälse) durch eine Antriebsvorrichtung auf die Zählwerke wirken.

Die Zählwerke haben entsprechend ihren Stellen eine
Anzahl von drehbaren Zahnrädern. Diese übertragen ihre
Bewegung auf die Resultaträder, die an ihrem Umfange die
Zahlen 0 bis 9 zeigen, welche in einem Ausschnitt, dem Fenster,
erscheinen. Die Zählwerke können leicht in ihrer Lage verändert oder abgenommen werden. An der Vorderseite haben
sie unten ein kleines rechteckiges Eisenstück, den Kamm,
mit dem dieselben auf Addition, Subtraktion oder Disconnect
umgestellt werden können, je nachdem er höher oder tiefer
festgeschraubt wird.

Wirkungsweise. Es wird mit den gewöhnlichen Zifferntasten gerechnet, wenn ein Hebel den Rechenmechanismus
eingeschaltet hat. Mit dem Dezimaltabulator, dessen Tasten
sich nach hinten bewegen, wird der Wagen auf die gewünschte
Kolonne eingestellt, für die man vorher das Zählwerk korrespon-
dierend verschoben hat. Drückt man z. B. die Ziffertaste 3
nieder, so schlägt der Typenhebel an die Walze; gleichzeitig
leitet ein Verbindungshebel den Niedergang derselben zur
Welle, welche durch die erwähnten Ansätze auf das Zählwerk
wirkt. Das Zahnrad wird um 3 Zähne gedreht; am Fenster
erscheint die Ziffer 3. Eine weitere Zahl wird dazu ev. durch
Zehnerübertragung addiert, indem das Rad um eine entsprechende Zahl von Zähnen weiterbewegt wird. Ist der Kamm
auf Subtraktion eingestellt, werden die Zahnräder in entgegen-
gesetzter Richtung gedreht; die Maschine arbeitet im subtrak-
tiven Sinne. Bei jedem Anschlage der Rechentaste rückt der
Wagen immer schrittweise nach links, auf diese Weise kommen

die nebeneinander auf ihrer Achse gelagerten Zahnräder des
Zählwerkes nacheinander mit der Antriebsvorrichtung an der
Welle in Verbindung. Die Zählwerke arbeiten mittels des
Aktuators automatisch in das Kontrollzählwerk, wo für die
wagerechten Zahlen die Summe oder der Unterschied
(Saldo) abzulesen ist. Man kann also mit der Maschine
senkrecht und wagerecht in beliebig viel Kolonnen addieren
und subtrahieren.

Wesentlich unterscheidet sich davon die **Underwood-
Buchhaltungsmaschine.** Der ganze Rechenmechanismus liegt
in einer Spezialmaschine, die der eigentlichen Schreibmaschine
als Unterbau dient. Auf diese Weise fällt vor allem die Be-
schwerung des Wagens durch die vielen Zählwerke weg, die
Ziffern wirken von oben und behalten damit den leichten, an-
genehmen Anschlag, auch für 7 bis 9. Die Dezimaltasten sind
mit den anderen gleichgerichtet. Unter ihnen befinden sich
die Fenster der Zählwerke, dann die Stern- und Eliminationstasten. Zur Auslösung der Rechenoperationen reichen
im Hinterteil der Maschine wie bei einem Dezimaltabulator
Hebelstangen herauf; auf ihnen sitzen die Selektoren-Hebel-
träger. An Stelle von Reitern wirken hier Stops, die durch
ihren verschiedenen Bau entweder nur den Wagen sperren
oder dazu noch eine Addition oder Subtraktion hervorrufen.
Der Quantitätsstop bewirkt wohl Addition, vermeidet aber den
Übertrag auf das Hauptzählwerk. Damit in einer Spalte nicht
ein unrichtiges Zählwerk arbeitet, kommt bei Rechenkolonnen
zum Stop noch ein Selektor (Auswähler). Er wird in verschiedener Ausführung benutzt; die einzelnen Selektoren wirken nur mit solchen Zählwerken zusammen, die mit ihnen
gleiche Nummern haben. Die Tasten müssen immer ganz
niedergedrückt werden; wenn eine der angeschlagenen Zifferntasten nicht zur normalen Stellung zurückkehrt, so zeigt dieses
dem Schreiber an, daß er sie nicht richtig benutzte. Die andern
bleiben bis zur Korrektur gesperrt. Die Maschine arbeitet mit
elektrischem Strom; es erfolgt daher der Wagenrücklauf selbsttätig. Das Rechenwerk kann selbstverständlich wesentlich
größer gebaut sein als bei den veränderlichen Zählwerken,

woraus als erklärliche Folge eine hohe Zuverlässigkeit und Dauerhaftigkeit sich ergibt.

Wirkungsweise. Ehe wir das Schreiben beginnen wollen, müssen die entsprechenden Stops eingesetzt werden, und zwar für eine Rechenkolonne, in der addiert werden soll, ein Additionsstop, für Spalten, in denen subtrahiert werden soll, ein Subtraktionsstop. Dazu kommt dann noch ein geeigneter Selektor. Drücken wir auf die Zifferntasten, so wählen wir gewissermaßen die Zahl; als Ergebnis der Rechenoperation erscheint sie erst dann im Zählwerk, wenn die Ziffer der letzten Stelle geschrieben ist. Es bleibt daher während des Schreibens einer Zahl immer noch Zeit zum Verbessern. Dazu sind die Eliminationstasten zu verwenden. Eine weitere Zahl wird ohne unser Zutun zu der ersteren addiert oder davon subtrahiert, je nach der Einstellung der Maschine. Wenn wir dann die Endsumme, die im Zählwerk steht, auf das Papier niederschreiben, so kehrt das Zählwerk auf Null zurück, und wir können die Kontroll- oder Sterntaste niederdrücken. Haben wir aber beim Abschreiben einen Fehler gemacht, zeigt sie uns dies an, indem sie nicht niedergeht. Sie kontrolliert also den Schreiber und gibt den Beweis des richtigen Arbeitens. Die Maschine addiert und subtrahiert senkrecht und wagerecht in jedem Zählwerk. Sie wird mit 1 bis 7 Zählwerken geliefert, welche durch Teilung bis auf 14 vermehrt werden können. Sie besitzt eine Einrichtung, welche ermöglicht, jederzeit in den Additionskolonnen zu subtrahieren (Subtraktionstaste), in den Subtraktionsspalten zu addieren, ohne daß die Stops geändert werden müssen.

Durch einen Hebel kann der Rechenmechanismus ausgeschaltet werden. Die Underwood-Bookkeeping besitzt also alle Vorzüge der regulären Schreibmaschine, der reinen Additionsmaschine und der rechnenden Schreibmaschine. Sie leistet voll und ganz die Arbeiten dieser drei Einzelmaschinen, übertrifft sie aber weit, da sie die Funktionsmöglichkeiten aller drei in sich vereinigt. Jede Buchhaltungsarbeit kann mit ihr gemacht werden.

Leider ist es in Hinsicht auf den Zweck und den Umfang
dieses Buches unmöglich, näher auf den hochinteressanten Bau
des Rechenapparates und auf die Auswirkung der Rechenoperationen einzugehen. Die Einführung in die Handhabung
der Maschine in der Praxis ist Sache des methodischen Schreib-
unterrichtes.

Pflege der Schreibmaschine.

Die Schreibmaschine ist unsere treue, unverdrossene Hel-
ferin bei der Arbeit. Das kann sie aber nur sein, wenn sie sich
einer sachgemäßen Behandlung erfreut.

1. Schon bei der Aufstellung ist zu beachten, daß
übergroße Wärme die Farbe des Bandes und das Öl zum Ein-
trocknen bringt, andauernde Feuchtigkeit oder rascher Tem-
peraturwechsel das Rosten der blanken Metallteile fördert.
Man vermeide daher die Nähe des Ofens, aber auch der Türe.

2. Die unbenutzte Maschine soll stets mit einer Wachs-
tuchhaube und mit dem Kasten zugedeckt sein.

3. Täglich ist sie mit einem weichen Lappen abzuwischen.
Die **Reinigung** der inneren Teile geschieht mit einem lang-
stieligen Pinsel. Dabei achte man darauf, daß sich keine Federn
(Spiralen) loslösen; gegebenenfalls müssen sie sofort wieder
eingehängt werden. Das Bodenbrett muß frei von Staub gehalten werden. Auch die Filzunterlage ist öfter auszuklopfen;
denn die Bewegung der Hebel wirkt saugend und wirbelt den
feinen Staub auf. Es ist daher nicht zu empfehlen, die Maschine
festzuschrauben. Die Typen verstopfen sich gerne mit Farb-
stoff; davon befreit man sie mittels einer Bürste aus steifen
Borsten, denen schwache Metallfäden beigelegt sein können.
Man kann durch Schlagen den Schmutz etwas lockern oder die
Bürste mit Benzin anfeuchten, aber nicht so stark, daß es
spritzt, weil sonst die Hebel Rostflecken bekämen. Außerdem
ist der Gebrauch einer Nadel zweckdienlich, besonders bei den
Zeichen e, a, o usw. Die Verwendung eines Messers schädigt
dieselben. Man bürste stets in der Längsrichtung der

Typen, und zwar nach außen; nachher sind die Tastenköpfe zu reinigen, wenn sie nicht vorher mit Papier verdeckt wurden.

4. Gummiteile reinige man mit Spiritus, ja nicht mit Benzin; auch darf sie kein Öl befeuchten. Beim Abreiben der Schreibwalze mit einem mit Spiritus getränkten Lappen lockert man die Papiertransportwalzen (Papierauslösung). Die Walze muß dann selbst trocknen, darf also nicht nachgerieben werden. Zur Schonung derselben führt man beim Schreiben immer ein Ölblatt oder wenigstens ein zweites Blatt mit ein.

5. Alle Teile, an denen eine andauernde Reibung stattfindet, sind zu ölen. Das sind: die Wagenlaufachsen, die Wagenlaufstangen, das Lager der Walze, die Gleitbacken, die bei der Walzenumschaltung im Walzenrahmen auf- und niedergehen, die Rolle für die Umschaltung der Walze, die schiefe Fläche des linken Zeileneinstell-Klobens, über welche der vordere Wagenanschlag gleitet, die Zeilenschaltvorrichtung, besonders auch die Zeilenschalt-Sperrolle, die Lagerstellen der Papiertransportwalzen, die Rollen, welche oben den Umschaltrahmen führen, hin und wieder die Lager der Farbbandumschaltachse, das Farbbandtreibrad, die Schlitze des Tastenhebelführungskammes, die Wagenschaltung (davon das Zahnstangentriebrad, das Schaltrad und die Lager des Schaltkörpers). Die Typenführung ist innen öfter mit einem Ölhauch zu versehen.

Nicht zu ölen sind der Walzenfreilauf und das Segment.

Bevor man die Einfettung vornimmt, müssen die zu behandelnden Teile von Staub und altem Fett gründlich befreit werden. Zum Ölen benutzt man leicht angefeuchtete Wollläppchen, Pinsel oder Gänsefedern. Zu jeder Continental liefert die Fabrik ein Ölkännchen, dessen Verschlußdeckel eine Hebervorrichtung (ein Metallstäbchen) trägt, mit der nur ein kleiner Tropfen Öl an die ausersehene Stelle abgegeben wird. Nie soll mit einem Kännchen das Öl verspritzt werden. Nach dem Ölen sind die behandelten Teile zu bewegen und das hierbei übertretende Öl ist wegzuwischen. Aus allem ergibt sich, daß **nur sparsam** zu ölen ist. Man verwende nur das beste säure- und harzfreie, dünnflüssige Vaseline- oder Knochenöl.

6. Ist die Maschine zerlegbar, kann in größeren Zeitab-
ständen eine gründlichere Reinigung vorgenommen werden.
Außerdem soll sie je nach der Pflege und Benutzung nach län-
geren Zwischenräumen von einem Mechaniker (am besten von
einer Firma, die das betreffende System vertritt) eingehend
durchgearbeitet werden.

7. Verklemmte Typen befreie man nicht durch Ziehen an
den Tasten, sondern durch vorsichtiges Auseinanderschieben
derselben.

8. Sehr viel trägt zur Erhaltung der Maschine ein federnder Anschlag aus dem Fingergelenk und eine ruhige, gleichmäßige
Handhabung der einzelnen Teile bei. Also keine nervöse Un-
ruhe und Hast! Man gewöhne sich an ein Schreibtempo, das
im Bereich des sicheren Könnens liegt. Sind nach der Tastensperre noch Zeichen zu schreiben, löse man dieselbe mit dem
Hebel, versuche aber keinesfalls noch einen Buchstaben· mit
Gewalt anzuschlagen. In Ausbildungskursen darf auf keinen
Fall an den Maschinen radiert werden; auch im Bureau sollte
es höchstes Bestreben sein, an der Schreibmaschine ohne Radier-
gummi auszukommen.

9. **Störungen** wird man am besten beseitigen, wenn man
seine Maschine durch eingehendes Studium möglichst genau
kennt. Dazu soll ja dieses Büchlein beitragen. Vor allem
arbeite man die jeder Maschine beigegebene Gebrauchsanweisung gründlich durch, wage an Hand derselben die Zer-
legungsmöglichkeiten, achte auf das Zusammenarbeiten der
einzelnen Teile und man wird bei mancher Störung vor keinem
Rätsel stehen. Immerhin ist ein gewisses technisches Verständnis und ein Sinn für Mechanik Voraussetzung. Wie ein
richtiger Motorfahrer aus Takt und Zug des Motors jede Störung
sofort merkt, so muß auch der Maschinenschreiber ein Ohr und
ein Gefühl für jede Unregelmäßigkeit in der Arbeitsweise der
Maschine erhalten.

Fehlt etwas an der Maschine, sehe man zuerst die verschiedenen Hebel, wie Tastsperrhebel, Wachsmatrizenhebel
nach, prüfe die Randstellung, den Verlauf des Farbbandes durch
den Farbbandträger und bei Handumschaltung, aber auch bei

Selbstumschaltung, die Spulen, ob das Band abgelaufen ist. Vielfach fehlt es am Farbbandtransport. Der Umschaltungsvorgang muß genau bekannt sein. Farbbänder von ungeeigneter Breite, mit fransendem Rande stören den Mechanismus.

Man kann die Fehlerquellen begrenzen, indem man:

a) den Wagen mit dem Auslösehebel hin- und herführt und genau auf die Arbeitsweise der einzelnen Teile achtet (dabei arbeiten Wagenzug und Schaltrad oder Wagenzug mit Farbbandtransport),

b) das Farbband aus dem Träger nimmt und an der Farbband-Umschaltachse dreht,

c) die Spulen heraushebt und den Wagen oder einen Typenhebel bewegt (will man an der Umschaltachse drehen, müssen die Fühlhebel abgedrückt werden),

d) die Wagenzugsaite abhängt und den Wagen hin- und herschiebt, wodurch allenfallsige Reibungen in der Wagenführung festgestellt werden können,

e) bei abgenommenem Wagen das Schaltrad, die Schaltbrücke mit Druck auf den Typenhebel oder mit der Hand bewegt usw.
(Beim Schlag auf die Typenhebel muß natürlich der Zug der Hauptfeder durch einen ziehenden Druck nach links auf das Zahnstangengetrieberad ersetzt werden.)

Beim Farbbandtransport können sich die konischen Räder lockern, es erfolgt keine Übertragung und damit keine Umschaltung mehr, und das Band wird nicht mehr weitergezogen. Da wären die beiden Räder wieder einander zu nähern, und dann muß das lose Rad mit dem Stellring festgeschraubt werden. Sehr schief herauskommendes Papier zeigt an, daß der Druck der Papiertransportachsen nicht gleich ist. Bei einzelnen Maschinen kann das mittels Schrauben reguliert werden. Manchmal lockern sich auch Schrauben und fallen ab; da ist das Nachsuchen sehr schwer, oft nutzlos. Selbstverständlich ist die Schraube dann aufzuheben und von einem Mechaniker einzusetzen. Eine langsame Rückbewegung des Typenhebels mag seine Ursache in einer Verbiegung desselben haben, indem er an der Typenführung streift, in einer Verbiegung des Tasthebels, der am Tasthebelführungskamm sich klemmt, oder in einer Verschmutzung des Hebels im Lager. Man vermeide Teile aus hartem Stahl zu biegen, weil sie abspringen können. Durch schwaches Anfeilen oder Rückfrage bei der Vertreter-

firma kann der Charakter des verarbeiteten Materials festgestellt werden. Auch hüte man sich bei den Untersuchungen
oder bei der Reparatur Gewalt anzuwenden. Spielereien am
Mechanismus sind unbedingt zu unterlassen.

Kommt man nicht zurecht, so wird oft eine telephonische
Aufklärung des Mechanikers die Wiederherstellung erleichtern,
vorausgesetzt, daß man sich klar ausdrücken und die Teile
bezeichnen kann. Andernfalls muß die Hilfe desselben in Anspruch genommen werden.

Ein allgemein wirksames Rezept gibt es hier nicht, schon
im Hinblick auf die vielen, vielen Systeme und ihren oft sehr
unterschiedlichen Qualitätswert. Am besten kauft man nur
erstklassige Maschinen; man spart sich viel Verdruß, viele Aus-
lagen, schont das Personal und gewinnt an Arbeitszeit und
Arbeitsleistung. Wie im gewöhnlichen Leben gilt auch hier
der Satz: „Das Beste ist das Billigste."

**Merke: Behandle die Maschine so, als wenn sie dein Eigentum
wäre!**

Reinige vor Beginn der Arbeit die Maschine täglich!

Reinige sie einmal in der Woche gründlicher! Öle vorsichtig!

**Unterlasse alle Spielereien an der Maschine und melde Störungen
rechtzeitig!**

Schütze nach Schluß der Arbeit die Maschine durch einen Deckel!

Anmerkung: In den Büros sollte womöglich an einer Schreibmaschine nur ein Maschinenschreiber oder eine Maschinenschreiberin
arbeiten; das erhöht das Verantwortungsgefühl und das Bestreben, das
Arbeitsgerät durch verständige und sorgsame Behandlung jederzeit ver-
wendungsbereit zu haben. Es ist eben „ihre" Maschine. Außerdem wäre
es in größeren Betrieben von Vorteil, wenn einem gründlich ausgebildeten
Maschinenschreiber die Aufsicht über alle Maschinen übertragen würde.
In Schulen können Kontrollbogen gute Dienste leisten. Jeder Schüler
trägt sich namentlich ein und vermerkt die beobachteten Mängel. Das
schärft das Verantwortungsgefühl. Auf den Umschlag kann man wichtige
Regeln über Pflege der Maschine, Art des Schreibens u. a. aufkleben.

Wünsche. Zeigen schon die einzelnen Maschinen des gleichen Systems ziemliche Abweichungen, so wachsen die Unterschiede zwischen den verschiedenen Marken fast ins Unerträg-
liche. Es würde die Verwendung der Schreibmaschine sicher
gewinnen, wenn in der Anordnung der Ziffern und Zeichen, in

der Lage der einzelnen Teile, in ihrer Benennung, in den Aus-
maßen der Walze, in der Breite der Farbbänder usw. mehr
Einheitlichkeit angestrebt und erreicht würde. Die Fabri-
kanten sollten endlich einmal darangehen, die Tastatur der
Hand und der Methode entsprechend umzugestalten. Die
Rücksichtnahme auf die Maschinenschreiber und auf die Wirt-
schaftlichkeit der Maschine gebieten, daß mit dem historisch
Gewordenen, aber längst Veralteten aufgeräumt wird und die
Forderungen der Zweckmäßigkeit Umsetzung in die Praxis
finden. Die Ergebnisse verschiedener Experimente, besonders
auch psychotechnischer Forschungen, geben hier beste Richt-
punkte. Dr.-Ing. Erich Klockenberg veröffentlichte in der
„Industriellen Psychotechnik", 1. Jahrgang, Hefte 7/8, hier-
über eine hochinteressante wissenschaftliche Arbeit.

Sehr störend wirkt es, daß die Hand zur Zeilenschaltung
immer die Tastatur verlassen muß. Könnte das nicht von der
Tastatur aus bewirkt werden, ähnlich wie bei den elektrisch
angetriebenen Maschinen? Für die Schreibwalzenschaltung
stellte Oberstadtschulrat Baier, München, vor Jahren Patent-
anträge, die dem kleinen Finger diese schwere Arbeit abnehmen
und dem Daumen zuteilen sollten. Eine Schubstange führt
in der Mitte der Maschine unter der Zwischenraumtaste hinter
zur Umschaltwelle. Neben der Entlastung des kleinen Fingers
bestünde für Einarmige die Möglichkeit, regelrecht zu schreiben.

Schematische Zeichnungen.

Eine Zusammenstellung einfacher schematischer Zeichnungen bietet einzelne Teile und verschiedene Bewegungsvor-
gänge, losgelöst von allem nebensächlichen Beiwerk. Sie geben
dem Lehrenden Behelfe für den Unterricht, dem Lernenden
und Stenotypisten heben sie das Wesentliche hervor und ergänzen damit früher gewonnene Vorstellungen.

Anmerkung: Als Hilfen zur Nachzeichnung mögen folgende An-
leitungen dienen. An der Tafel können viele von den vorgesehenen Zeichnungen durch richtige Beherrschung der Kreidetechnik verhältnismäßig
leicht hergestellt werden. Die Breite und die Dicke des gekanteten Kreide-
stückes geben gleichmäßige Linien von verschiedener Stärke, die hier

gute Verwendung finden können und so die Darstellung wesentlich einfacher gestalten. Zum Zeichnen der Kreise helfen allenfalls Papierscheiben; außerdem können diese statt der Kreise an der Tafel befestigt werden. Es läßt sich damit besonders bei der Walzenumschaltung die Bewegung der Schreibwalze augenscheinlich aufzeigen und die Zeichnung besteht nur in dem Schema des Typenhebels. Die Zahnräder dürften etwas mehr Schwierigkeiten machen. Beim Schaltrad setze man radial, wie bei einem Schiffssteuerrad, 12 oder 16 gleichlange Striche auf den Umfang des Kreises auf und verbinde deren Ende einseitig, ziemlich steil mit der Kreislinie. Eine doppelseitige Verbindung ergibt z. B. das Zahnstangengetrieberad. Bei der Darstellung des Farbbandträgers setze man drei stehende, ziemlich schmale Ovale nebeneinander: erst das für die lichte Weite zwischen den zwei inneren Stegen, dann links und rechts die Umgrenzung der Stege; in diese beiden kommen als ganz schmale Ovale die Ausschnitte. Die Beseitigung der Hilfslinien, die Öffnung der äußeren Stege und die Verbindung des Trägers nach unten zur Führungsschiene ergänzen die Zeichnung.

Hebelwerk.

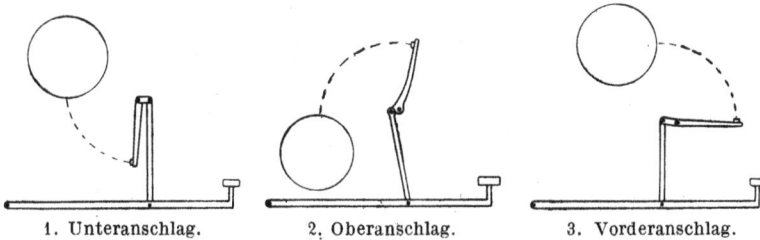

1. Unteranschlag.   2. Oberanschlag.   3. Vorderanschlag.

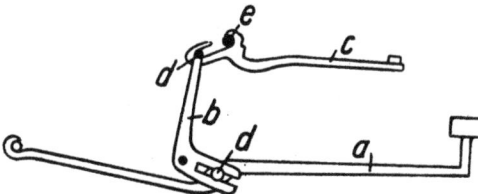

Wagnerhebel:
a) Tasthebel, b) Zwischenhebel, c) Typenhebel, d) Nippel, e) Bogenachse.

Papierführung.

a) Schreibwalze, b) Papiertransportachsen, c) Papierandruckschiene, d) Papier.

Papiertransportachse mit
Gummibezug.

a) Schreibwalze, b) An-
druckschiene, c) Zeilen-
höhezeiger.

Wagenschaltung.

a) Schaltrad, b) beweglicher Schaltzahn, c) fester Schaltzahn, d) Schaltkörper.

Einfärbewerk.

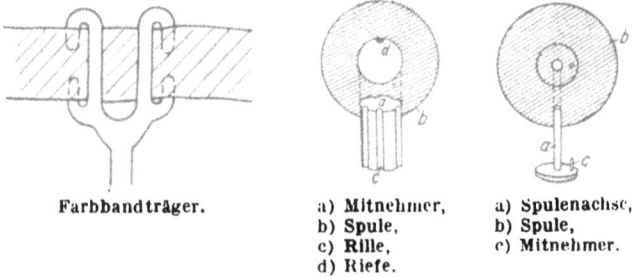

Farbbandträger.

a) Mitnehmer,
b) Spule,
c) Rille,
d) Riefe.

a) Spulenachse,
b) Spule,
c) Mitnehmer.

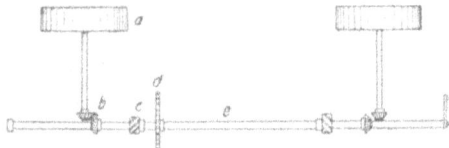

a) Spulenschale, b) Konisches Rad, c) Schnecke, d) Steuerrad, e) Umschaltachse.

Wagenzug.

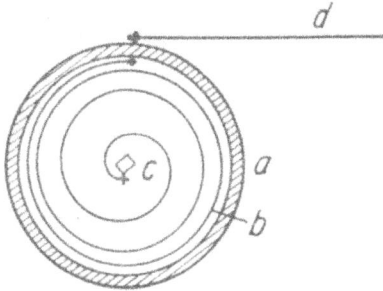

a) Hauptfedergehäuse, b) Feder, c) Achse,
d) Zugsaite.

a) Sperrad, b) Spann-
kurbel, c) Anker.

Zeilenlänge.

Zeilenschaltung.

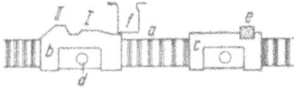

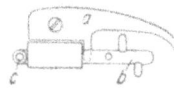

a) Zahnstange, b) linker Zeilenlängekloben, c) rechter Zeilenlängekloben, d) Griff, e) Anschlag,
f) Wagenanschlag.

a) Zeilenschaltklinke,
b) Stellwalze,
c) Griff.

Schreibwalzen-Umschaltung.

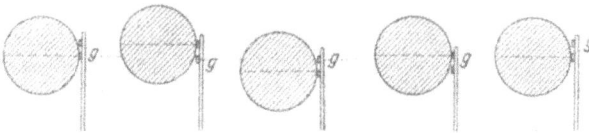

a) durch Hebung
der Walze

b) Senkung

c) durch Hebung
des Typenkorbes.